ベクトル解析

森 毅

筑摩書房

目　次

ベクトル解析

はじめに

「数学教育の現代化」ということに関して，中等教育の部分が脚光をあびているが，大学の理工系一般教育についても，国際的に話題になりつつある．

それは，中等教育の場合と同じく，2つの方向から考えられている．1つは，新しい内容や新しい形態をとりいれることである．たとえば，代数的な構造や位相的な構造の現代的な定式化や，その初歩的な理論などが話題になっている．もう1つは，古い教材を現代の観点から位置づけ，整理したり充実させたりすることである．たとえば，古い2次曲線や2次曲面の理論を2次形式論として位置づけるとか，微分方程式を連立線型中心に組織するとか，初等関数を複素関数論の立場で扱うとか，そういった種類のことである．この2つは，もちろん無縁ではない．古い教材がそのままで，新しい話題だけがはいっても孤立してしまう．古い教材を新しく見直すには，現代数学の定式化が必要でもある．この事情は，中等教育も高等教育もかわらない．

そこで，世界中の国で，大学教育現代化について，いろいろの案が出たりしているが，そこではベクトル解析が1

つの到達目標になっている，という傾向は共通している．それが，理工系のほとんどの分野で必要である，ということも１つの理由ではあるが，現代数学の立場から，その分野の位置づけが明らかになってきたことにもよる．

スローガン的にいってしまえば，「多次元の，量と微積分」である．それは，多次元の量の１次関係の議論である線型代数と，１変数の変化の解析としての微積分とを，統一する位置にある．ここまでやることによって，線型代数のいろいろな概念の意義，微積分の理念と量との結合関係，の双方が明らかにされる．したがって，古い形態のように，多変数の微積分と切りはなして，微積分の付録のような位置づけをするのは誤りであり，現代化の必然もそこにある．また，高等教育だけの孤立した問題ではなくて，中等教育以来のまとめにもなっているわけである．

この本は，そこで，このような「現代化」の立場から，多変数の微積分とベクトル解析を扱うことにした．しかし，ここで，大学一般教育の全課程の「現代化」という立場で議論を展開するわけにもいかない．それで，線型代数と１変数の微積分について，完全な理解の上に立つことが理想ではあるが，それらの理念的なスジについての解説もかねざるをえなかった．また，証明などの理論的な部分を「完全であると同時に現代的に」することは，この本だけでは不可能だった．それには，たんに論理のスジを追うだけでなく，その証明の理念を定式化しようとするならば，コンパクトの概念の積極的利用，関数空間の位相としての一様収束の定式化，ブール束と測度の概念など，いわゆる「位相解析」の初歩的部分をとりいれることが望まれるからである．それは，「現代化」の追究の今１つの側面にもかかわり，この本で両方の目的をとげるわけにはいかない．

また，ベクトル解析で，どこまでの範囲をふくめるか，というと際限がない．電磁気学や，流体力学などで出てくることの数学的意味の定式化ということにしても，一般の多様体上のベクトル解析の数学的理論ということにしても，専門書の領域に深くはまりこんでしまうだろう．その意味では，不十分となるのはやむをえまい．それは，この本の性格によるだけでなく，大学の一般教育課程の制限としても，そうならざるをえないと思う．

ぼくじしん，京都大学の理工系では１年の後半から２年の前半にかけて，この本にあたる部分を講義している（その場合，この本で断念した，位相解析的な論理の完成の部分も含むことになる）が，いくつかの専門的な数学の分野，たとえば，共変微分を使う微分幾何，コホモロジー群の登場する位相幾何，偏微分方程式とその基本解，などに深入りすることは，まず当面は，不可能のようである．

そこで，この限界内での，ベクトル解析の「現代的」な理念を明らかにしよう，というのがこの本の目的である．ふつうに「ベクトル解析」というと，ポテンシャル論に関係した話題などまで含むことが多く，その方も欲ばりたかったのだが，あえて禁欲することにした．もちろん，大学の一般教育として，いろいろな話題にふれるな，というわけではない．むしろ，ぼくとしては，教育としての境界にオープンな部分をのこすべきだ，とさえ思っている．その意味では，大学の一般教育の「根幹」の部分についての構想だけともいえる．

1966 年

森 毅

第0章
ベクトル解析とは

解析学で，ふつう議論の対象とするのは，自然現象や社会現象のさまざまの法則性，その定式化についてである．その変動の状態を記述し解明することによって，科学の法則の定量的分析が可能になるのである．

ところが現実の現象というのは，いくつかの要因が重なりあっている．また，たとえば空間の位置を量的に記述しようとしても，3つの座標によって記述されねばならない．

たとえば，天気図を眺めてみよう．そこで，位置は，緯度と経度の2つの座標によって表わされている．あまり大きな部分を問題にしないときは，近似的にそれを平面上の地図の上に表わすし，もっと大きいときは球面で近似して考えたりする．いずれにしても，その位置によって気圧が変動し，それは等気圧線として天気図に書かれている．さらに，各位置によって，風の強さや方向も変動している．その位置による変化だけではなく，時間的変化を問題にしたりもする．

この種の議論は，いろいろな分野で必要となる．水の流れでも，電磁場でも，弾性体のひずみでも，その他たいていの問題で似たような議論が必要となる．これが，ふつうに「ベクトル解析」といわれる分野である．

そこで，この分野の歴史的位置づけについて，スケッチをしておこう．そのことは，現代において，これらをどのように位置づけ，どのような立場で学習したらよいかについて，指針を与えてくれるであろうから．

変化の解析，という思想は，17 世紀のヨーロッパの新しい数学を生み出した．それは，だいたいの形がニュートンとライプニッツによって完成された微積分，主として 1 変数の微積分であった．18 世紀になると，力学系の議論などの形で，多変数の問題が部分的には深められるようにはなったが，本格的には 19 世紀になってからである．

ところで，17 世紀人は，ずいぶん大胆に「無限の計算」をやり，それだからこそ，新しい数学を生み出しえたのだが，その一方で，「無限の論理」については，かなりアヤフヤなものだった．18 世紀には，科学を国力の基礎とすることの必要，啓蒙主義の時代になるとともに，これらの論理的体系への要求が強まってきた．

それが可能になったのは，19 世紀になってであった．しかし，これを，純粋に論理的要求だけと見るのは正しくなく，むしろ，複雑な法則を扱うことが論理的正確さを余儀なくさせてもいた．

事実，18 世紀には機械的な力学がほとんどであったのが，19 世紀には熱や電気に中心的な関心がうつる．そして，18 世紀までは，数学者と物理学者は同義語であったのが，19 世紀以後の資本主義的分業化の中にあって，物理学と数学の間に，純粋数学と応用数学の間に，そして数学の各分野の間に，その後百年以上もそれらを隔離した壁が築かれる．

このような不幸な事情にあって，ベクトル解析は，イギリスの電磁気学者ないしは応用物理学者の手によって作られる．そのために，それらは，いくぶん断片的であったりして，解析学の正統権を持ちえない「応用」として扱われがちであった．

純粋数学者の方はというと，とくに解析学者たちは，もっぱら論理の完成を追っているように思われがちであった．このことは，1変数の微積分にもいくつかのひずみを残したが，とりわけ，純粋数学における「多変数の微積分」と，応用数学における「ベクトル解析」が別個に存在しているかのような，形態を生み出した．

このことは，それらのうちで1次式になるものの位置づけがなされないことによって，よりいちじるしかった．はじめに19世紀の幾何学者たちによって，さらに代数学者たちによって，1次性の意味と定式化がなされ，それらは現代において「線型代数」といわれる分野になっているが，その解析学との関連と位置づけが明らかにされたのも，20世紀になってからであった．

ところが，解析学の伝統的形態が確立したのは，19世紀末であった．そのために，今でも伝統的形態としては，ベクトル解析というと，解析学の付録のような扱いがされやすい．または，旧態の線型代数が「ベクトル代数」で，それに旧態の「ベクトル解析」がくっついている，といったことになる．ブルバキにいわせれば，「ベクトル解析屋の俗物どもメ」というわけである．

そのために，電磁気学や流体力学などの例で，それぞれ個別的に議論を展開する方式や，多変数の微積分の「論理的」展開から付録としてのベクトル解析の「2,3の定理」の証明，そこまでを現実と無関係に展開しておいて，あとで各種の応用という方式がふつうである．

20世紀になると，事情はかなり変わった．

まず，「ベクトル解析」といわれたものの一般的とり扱い，それに関連して，その理念を明らかにし体系を整備することが，20世紀の数学のかなり重要な部分を占めるようになった．おおざっぱに言ってしまえば，多様体の理論といわれるのが，そのようなものである．

また，代数とか幾何とか解析とかといった分類がこわれたのも，20世紀の特徴であって，たとえば，線型代数と多変数の微積分との関連が表面に出て，「線型代数の上に多変数の微積分やベクトル解析が建設される」というテーゼが常識となろうとしている．

また，1変数の微積分でいうと，微分と積分が逆の関係になる，という微積分の基本定理が基礎になっている．これは，1次のときでいうと，小学校以来の

速さ×時間 = 距離,
密度×体積 = 質量,
…………………

のような正比例関数の量の関係の一般化である．ところが，多次元（多変数）の量の1次関係の解析である線型代数のときにそうであるように，1次元のときには定式には現われなかった量の質の差が，多次元のときには多様な形態をとりうる．すなわち，1変数のときの微分と積分との基本的な関係を，多変数のときまで考えようとすると，それは多様な定式をもち，そのためにはベクトル解析が必要になる．これこそ，ベクトル解析の数学的理念であったのである．

このようなことは，「純粋」数学として可能になったのではなかった．数学と物理学との間の壁がくずれつつあるのも最近の特徴である．それらの意味は，流れの場のような,数理物理的モデルを考えることによって明らかになる．

要するに，ベクトル解析というのは，現在では付録どころではない，解析学におけるもっとも正統的な部分に位置づけられているのである．

図式的に書くと

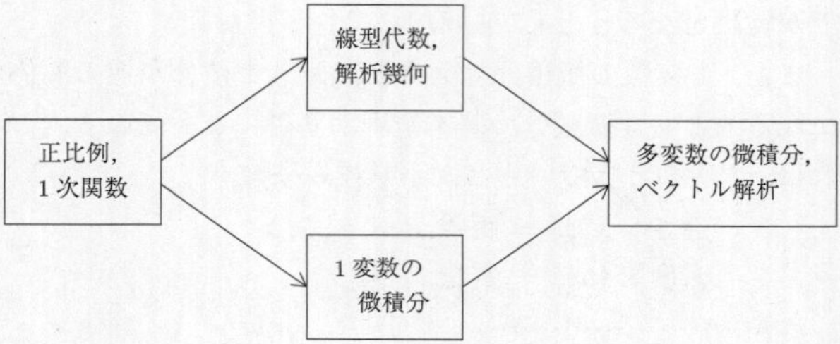

といった形になろう．理念的部分についていえば，このダイアグラムの構造を理解することが，解析学の教程の理解といえるほどである．

最近，教育の現代化ということがよくいわれている．大学の方も例外ではなく，大学教育の現代化ということが世界的に問題になっている．

このとき，教養課程での1つの到達目標になっているのが，ベクトル解析の現代化である．その理由は，前の体系的図式からも，また，現実の問題における意味からも，明らかであろう．

ここで，ベクトル解析の現代化について，3つの原則があるように思う．第1は，1変数の微積分の多変数への一般化である点を，はっきりさせることである．第2は，1次のときの線型代数の1次でないときへの一般化である点を，はっきりさせることである．第3は，その意味を，形式だけではなく，流れの場のような典型的なものを通して理解できるようにすることである．

ただし，これらは，現状でのいくつかの困難がある．まず，1変数の微積分にせよ，線型代数にせよ，そのように位置づけられるように，現代化された形での知識を期待しているわけにいかない．そして，いずれにせよ，それらの完全な知識がなければわからない，というのでは不便である．また，ぼくなどもそうだが，数学屋はとかく「量」に弱い．また，多変数にもなると，やや複雑さがましているので，精密な論理に従おうと思うと，めんどくさくって理念がはっきりしない．古い「論理的ではあるが理念のはっきりしない」教科書にしたって，たんねんに見ると，たいていはゴマカシがある．

そこで，この本では，次のように決心した．ベクトル解析をふくむ多変数の微積分を，可能なかぎり，前の3原則の理念のもとに展開する．そして，目的はその「理念」を明らかにするためであるので，そのために「論理」が犠牲になるのはやむをえない．また，本来の体系としては，1変数の微積分と，線型代数とが，それぞれ完成して，その上に考えるのがほんとうだが，そのような体系的完成もあきらめる．そして，多変数の議論の中に，適宜に，1変数の微積分や線型代数をはさんでいく．

また，主として，2次元と3次元で議論を展開していくが，n次元へも一般化できる形式にする．ベクトル解析や多変数の微積分そのものの学習のために，計算も入れたが，これは「理念だけ」では心細いからである．

第１章

多変数の微分

1. 正比例関数と微分

正比例関数というのは，式で書くと，

$$Y = aX$$

のことである．これは，式の形でいうと同次1次関数になっている．$f(X) = aX$ について，

$$a(X+X') = aX + aX',$$
$$a(Xc) = (aX)c$$

は，それぞれ，乗法の分配法則と結合法則であるが，

$$f(X+X') = f(X) + f(X'),$$
$$f(Xc) = f(X)c,$$

すなわち，X の方を和にすれば $f(X)$ の方も和になり，X の方を c 倍にすれば $f(X)$ の方も c 倍になる，という法則を表わしている．これらは，正比例の基本的な特徴である．たとえば，等速な運動についていえば，時間 X にたいして進む距離 $f(X)$ を対応させる法則がこれである．また，均質な針金で，長さ X に対応する質量 $f(X)$ の法則もこうなっている．いま，X cm の質量 $f(X)$ g を面積で表示することにすれば図1.1，図1.2となる．

ここで，$Y/X = a$ は一定であり，それは変化率を表わしている．それは，X を単位1にしたとき，すなわち，

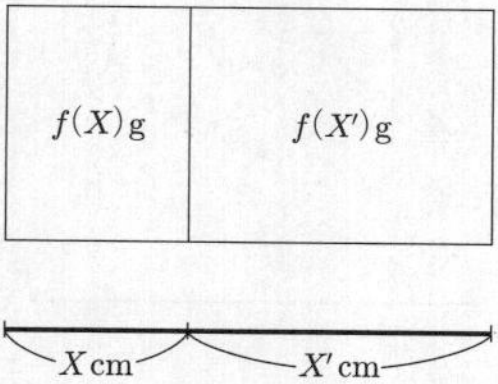

図1.1

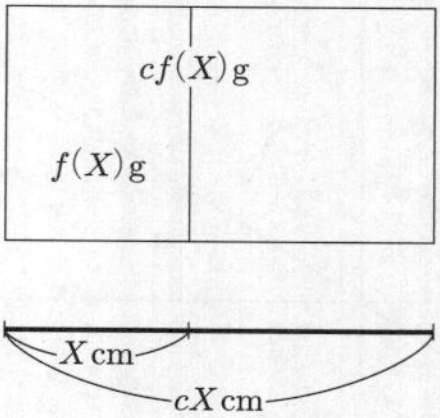

図1.2

$$a = f(1)$$

でもある．結局

$$(\text{変量 } Y) = (Y/X \text{ の変化率 } a(\text{一定})) \times (\text{変量 } X)$$

という関係がえられる．

このとき，いろいろなことがわかるが，とくに，

i） $a>0$ なら増加　（図 1.3），
　　$a=0$ なら定常　（図 1.4），
　　$a<0$ なら減少　（図 1.5）

ii） $a \neq 0$ ならば，逆関数 $X = \dfrac{1}{a} Y$ が考えられるといったことがある．

小学校でやった正比例は，正の範囲ばかりだったが，変量を考えるばあいは，当然に負の量があらわれる．また，$\dfrac{1}{a}$ は，a が速度ならば単位長さを進むための時間，a が密度ならば単位質量あたりの体積のような，逆の比例定数になっている．

これが小学校以来の正比例だが，このことが，すべての基礎となるのである．

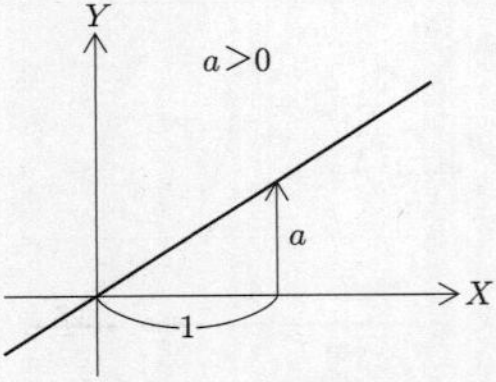

図 1.3

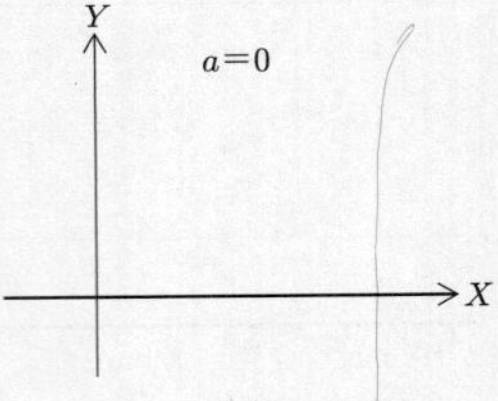

図 1.4

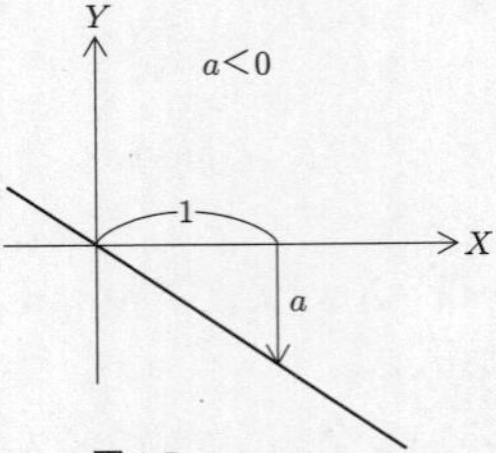

図 1.5

つぎに，一般の 1 次関数について考えよう．

1 次関数 $y=f(x)$ があって，

$$f(x_0)=y_0$$

とする．これを，初期条件という．ここで，この状態からの変動 X,Y を考える．すなわち，

$$x=x_0+X, \qquad y=y_0+Y$$

である．この X,Y を局所座標ということにしよう．すなわち，初期条件からの局所的変動を問題にするのである．これを求めるには，差を考えればよいわけで，

$$X=x-x_0, \qquad Y=y-y_0$$

となる．

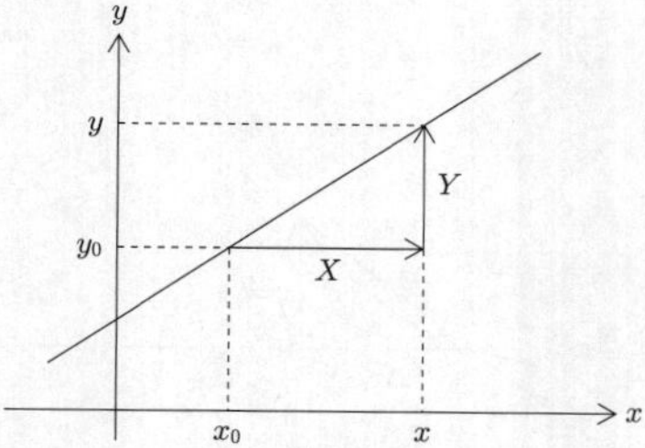

図 1.6

ここで，Y は X に正比例する，というのが，非同次1次関数の特性である．すなわち，

$$Y = aX$$

となっている．これは，上にあげた正比例の諸特性を持っている．

もとへもどせば，

$$\begin{aligned} y &= y_0 + Y \\ &= y_0 + aX \\ &= y_0 + a(x - x_0) \end{aligned}$$

という，非同次の1次式がえられることになる．

ふつうは，x_0 が0の場合を考えて，

$$y = y_0 + ax$$

のような形で考える．じっさい，一般の場合といっても，$X = x - x_0$ で，$y = y_0 + aX$ からみちびけるからである．

このことは，(最初の量 y_0)＋(変動量 Y) という考えで，あたりまえのようなものである．

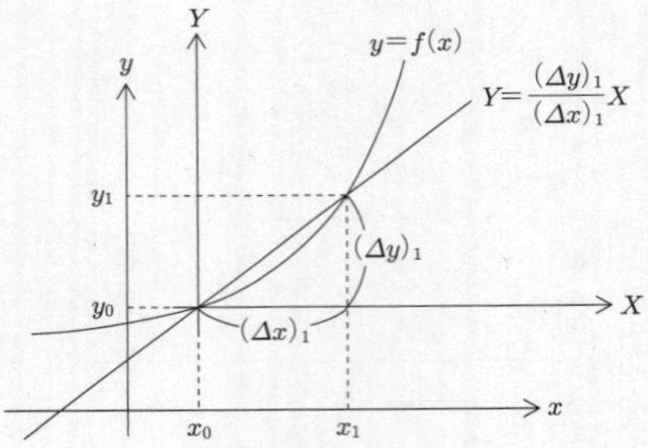

図 1.7

さて，この 1 次の場合をもとにして，一般の場合を 1 次化して解析しよう，というのが微分の考えである.

いま，一般の関数

$$x \longmapsto y = f(x)$$

があって，初期条件

$$y_0 = f(x_0)$$

で考えることにする（図 1.7）.

ここで，もう 1 つのべつの値

$$y_1 = f(x_1)$$

を考える（図解の便宜上，$x_0 < x_1, y_0 < y_1$ としておくが，このことはたんなる便宜だけである．ただし，$x_1 \neq x_0$ だけは仮定する）．そして

$$(\Delta x)_1 = x_1 - x_0, \qquad (\Delta y)_1 = y_1 - y_0$$

という記号を使うことにしよう．ここで，$(\Delta x)_1$ と書いたのは，これ全体でまとめての 1 つの記号である.

すると，長さ $(\Delta x)_1$ の範囲

$$x_0 \leqq x \leqq x_1$$

では，$y=f(X)$ の近似として，平均化した1次関数

$$Y=\frac{(\Delta y)_1}{(\Delta x)_1}X$$

すなわち

$$y=y_0+\frac{(\Delta y)_1}{(\Delta x)_1}(x-x_0)$$

がえられることになる．

ここで，この X と Y は変量であって，どんな値でも（たとえば $X>(\Delta x)_1$ でも）とりうる．ただ，近似範囲として，$(\Delta x)_1$ の範囲の平均化を意味しているのである．この近似1次関数を考えるには，

i） 初期条件 $y_0=f(x_0)$，

ii） 近似範囲 $(\Delta x)_1$

を指定することによって考えられるものであることを，注意しておこう．

つぎに，近似範囲をいろいろに変えてみよう．

常識的にいえば（ということは，x_0 の近所でムヤミと振動しないような関数については），x_1 を x_0 に近づけたとき，すなわち，

$$x_0<x_2<x_1$$

としたとき，

$$0<(\Delta x)_2<(\Delta x)_1$$

となって（$(\Delta x)_2=x_2-x_0$ とする），近似範囲は小さく

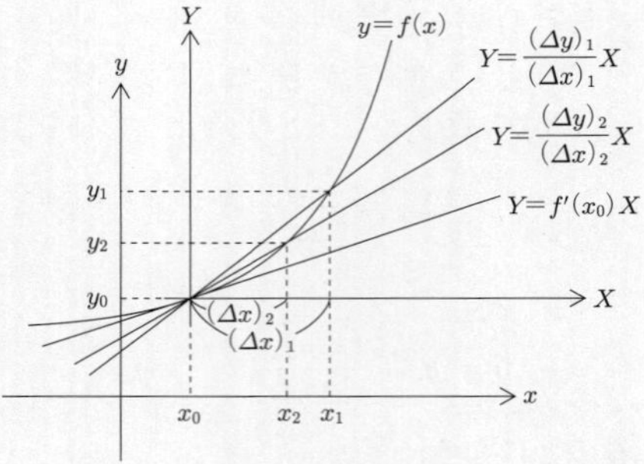

図 1.8

なるが，より精密な近似になりそうである（図 1.8）.

そこで，このようにして，1次関数の極限として，

$$Y = \left(\lim_{x_n \to x_0} \frac{(\Delta y)_n}{(\Delta x)_n} \right) X$$

を考える．グラフでみれば，これは接線になっている．これを，(x_0, y_0) における1次化という．

このときの，比例定数は，x_0 だけで定まるもので，

$$f'(x_0) = \lim_{x_n \to x_0} \frac{(\Delta y)_n}{(\Delta x)_n}$$

と書いたりして，微係数という．これは，x_0 ごとに定まるので，x_0 の関数

$$x_0 \longmapsto f'(x_0)$$

が考えられることになり，この関数を導関数という．微係数と導関数とは似たようなものだが，微係数というときに

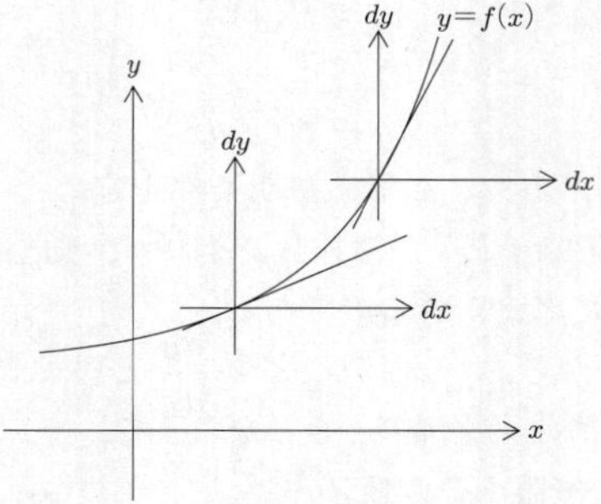

図 1.9

は，正比例関数

$$Y = f'(x_0)X$$

の係数，導関数というときには，

$$f' : x_0 \longmapsto f'(x_0)$$

という関数を問題にするのである．

ここで，初期条件 x_0 をいろいろに考えることをしたが，このとき，局所座標 X, Y の方も，それにつれて，それぞれに考えねばならない．すなわち，x_0 を固定したから X も固定した座標だったが，いろいろな x_0 を考えようとすると，そのたびに X も動かさねばいけない，この意味で，動座標ということもある（図 1.9）．

このように考えて，初期条件 $y=f(x)$ の変動を，一般に変えるときには，X のかわりに dx, Y のかわりに dy という記号を用いるのがふつうである．すなわち，

$$Y = f'(x)X$$

のかわりに,

$$dy = f'(x)dx$$

と書くのである．ここで，初期条件を定めたときは，dx と dy は変量で $f'(x)$ が微係数，それが，動座標でいろいろと動かして考えられるのである．

この記号から，$f'(x)$ のことを $\dfrac{dy}{dx}$ と書くこともある．もともと，前の正比例のときにならって，

(無限小の変量 dy)
= (無限小の dy/dx の変化率 $f'(x)$)
×(無限小の変量 dx)

というのが，微分の考えである．ところが，無限小といってもはっきりしない．そこで，$f'(x)$ という「数」を極限を用いて定式化したのが，19 世紀の定式化であった．ここでは,「無限小の」という形容詞を,「無限小法則を考えて」という副詞と考え，それを「1 次化したときの」と同義語と考える．これは，現代でふつう行なわれている解釈である．

そこで，一般の関数

$$x \longmapsto y = f(x)$$

を 1 次化して,

$$dx \longmapsto dy = f'(x)dx$$

がえられることになるが，こうしてえられた正比例関数を，または，そのときの変量の dx と dy を，はじめの関数の微分という．関数と変数はべつであり，それらを区別

しないのは「ことばの濫用」であるが，あまりヤカマシクいってもメンドーなので，適当に濫用するのがふつうである．記号にしても，$y=f(x)$ と書いて，y と f を区別していたが，そこも，

$$x \longmapsto y = y(x), \qquad dx \longmapsto dy = y'(x)dx$$

という使い方をよくする．

そして，はじめの関数から，その微分である正比例関数を作ることを，微分するという．

数だけで処理するのでなく，関数を問題にしているので，むずかしそうだが，じつはこの方が，法則を問題にしているので，つかまえやすいこともある．瞬間の速さなどといっても，トブ矢ハトバズのような感じがするものだが，たとえば次のような例を考えればよいだろう．水道の栓をどんどんひねって水を出す．このとき，ひねればひねるほど，水の流れ出す速さはますます大きくなるはずである．ところが，「神の声」なり「オカアチャンの声」なりがあって，「ヤメテ」というわけで，ある瞬間に栓をひねるのをピタリと中止したとする．それ以後は，正比例的に，水は等速で流れるだろう（水源池のかげんでは，そううまくいかないかもしれないが，そのような事情は無視しての話である）．これが，瞬間の速さであり，このときの正比例が微分である．

19 世紀風の微積分の本だと，Δx が小さくなって dx になるように書いてあるが，これはどうもわかりにくい．現代の定式化でいうと，dx は変量だから大きく（？），Δx

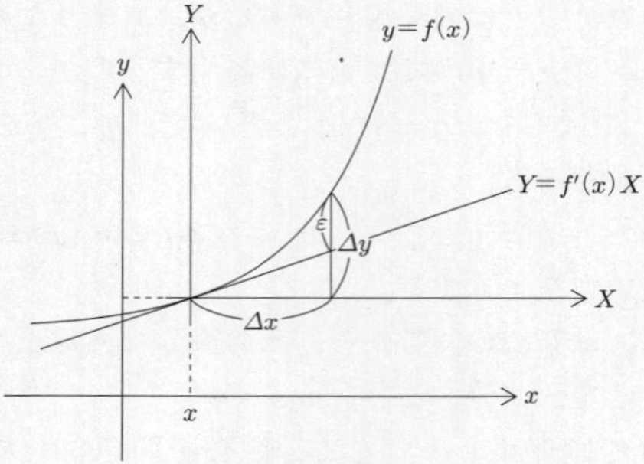

図 1.10

の方は近似範囲だから小さいのである．とくに，

$$X = \Delta x$$

とすれば，近似として，

$$\Delta y \fallingdotseq y'(x)\Delta x$$

がえられることになる．近似という場合，誤差 ε を問題にしなければいけないが，近似範囲 Δx にくらべて，

$$\frac{\varepsilon}{\Delta x} = \frac{1}{\Delta x}(\Delta y - y'(x)\Delta x) = \frac{\Delta y}{\Delta x} - y'(x)$$

であるから，

$$\lim_{\Delta x \to 0} \frac{\varepsilon}{\Delta x} = 0$$

である．すなわち，誤差 ε は Δx にくらべて小さい．これが，1 次近似としての微分の意味である．このようなときに，

$$\varepsilon = o(\Delta x) \qquad (\Delta x \to 0)$$

という記号を用いて,

$$\Delta y = y'(x)\Delta x + o(\Delta x) \qquad (\Delta x \to 0),$$

または

$$y = y_0 + y'(x_0)(x-x_0) + o(x-x_0) \qquad (x \to x_0)$$

などと書いたりする.

じつをいえば，上の議論で，一般の関数と書いたが，インチキなところがある.

$$y'(x_0) = \lim \frac{\Delta y}{\Delta x}$$

などと書いた極限があるかどうかわからない．また，それぞれにあったところで，x_0 ごとに考えた $f'(x_0)$ の値がテンデンバラバラであったりすると，あとの解析にもさしつかえる．そこで，ふつうに考えるのは，微分ができて，$y'(x)$ が連続関数になるものだけである．このような関数は，なめらかな関数であるという．以下，一般な関数といっても，無条件に一般な関数は考えない．解析につごうのいいような条件を持ったものだけを考えるのである.

ここで，局所的な法則性をしらべるのには，微分を考えればことたりる．それには，正比例の場合に，比例定数の符号だけでわかったいくつかのことが，一般化できる．すなわち，$y'(x)$ の符号で，増減と定常が判別できる．$y'(x_0) \neq 0$ ならば，x_0 の近傍では逆関数を考えることができて,

$$\frac{dx}{dy} = \frac{1}{\dfrac{dy}{dx}}$$

という逆関数の微分の公式がえられることになる．

また，

$$x \longmapsto y = y(x), \quad y \longmapsto z = z(y)$$

を微分すると，正比例を合成した

$$dx \longmapsto dy = y'(x)dx, \quad dy \longmapsto dz = z'(y)dy$$

となって，

$$\frac{dz}{dx} = \frac{dz}{dy}\frac{dy}{dx}$$

という，合成関数の微分の公式がえられる．じつは

$$dz = \frac{dz}{dx}dx = \frac{dz}{dy}dy$$

であって，この dz を，

$$dx \longmapsto dz, \quad dy \longmapsto dz$$

のどちらの関数のときも同じに考えられる．このことが，dz を「変量」として微分とよべる「ことばの濫用」を可能にしているのである．あとで，2階の微分が出てくるが，このときはそうはいかない．

2. 多変数の（同次）1次関数

1変数の関数について，微分するということは，1次化することであり，その基礎となったのは正比例関数であった．それで，多変数の関数について，多次元の正比例，ふつうに線型代数とよばれるものが基礎となる．そこで，多変数の同次1次関数について，このような立場でしらべることからはじめよう．

簡単にするために，2変数の（同次）1次関数

$$f(X_1, X_2) = a_1X_1 + a_2X_2$$

について考えよう．これは，ふつう書くように，

$$z = ax + by$$

でもいいのだが，一般の n 変数の場合にも通用するように，線型代数のふつうの記法にしたがう．この，

$$Y = a_1X_1 + a_2X_2$$

では，Y/X_1 を作ってみても，それは一定でない．

しかし，$\langle X_2 = 0\rangle$ という条件のもとで考えれば，これは1変数の正比例になる．$\langle X_1 = 0\rangle$ という条件でもそうである．一般の場合は，それを加法的に合併したものになる．すなわち，

$$
\begin{aligned}
&(\langle\text{一般の場合}\rangle\,\text{の変量}\,Y)\\
&=(\langle X_2=0\,\text{の場合}\rangle\,\text{の}\,Y/X_1\text{の変化率}\,a_1)\times(\text{変量}\,X_1)\\
&+(\langle X_1=0\,\text{の場合}\rangle\,\text{の}\,Y/X_2\text{の変化率}\,a_2)\times(\text{変量}\,X_2)
\end{aligned}
$$

というのが，この式の意味になる．ここで

$$
\begin{aligned}
a_1 &= f(1,0),\\
a_2 &= f(0,1)
\end{aligned}
$$

となっている．

グラフで表わせば，次のようになる．

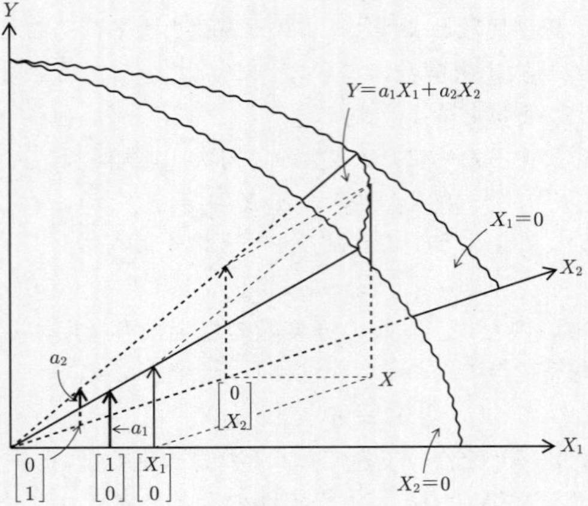

図 1.11

これはまた，線型代数でふつうやるように表わすと，係数と変数をそれぞれにマトメテ考えて，

$$\boldsymbol{A} = [a_1 \quad a_2], \quad \boldsymbol{X} = \begin{bmatrix} x_1 \\ x_2 \end{bmatrix}$$

という記号を用いて，

$$\boldsymbol{Y} = \boldsymbol{A}\boldsymbol{X} = [a_1 \quad a_2]\begin{bmatrix} x_1 \\ x_2 \end{bmatrix}$$

と書くことになる．

このような記法では，1 変数のときと同じ形式の表現になる．ここで，$\boldsymbol{A}$ が比例定数の（横）ベクトルを表わすわけである．

さらに，これらが連立しているとき，たとえば，

$$\begin{aligned} Y_1 &= a_{11}X_1 + a_{12}X_2, \\ Y_2 &= a_{21}X_1 + a_{22}X_2, \\ Y_3 &= a_{31}X_1 + a_{32}X_2 \end{aligned}$$

となっているとき，それらを，それぞれにマトメテ，

$$\boldsymbol{Y} = \begin{bmatrix} Y_1 \\ Y_2 \\ Y_3 \end{bmatrix}, \quad \boldsymbol{A} = \begin{bmatrix} a_{11} & a_{12} \\ a_{21} & a_{22} \\ a_{31} & a_{32} \end{bmatrix}, \quad \boldsymbol{X} = \begin{bmatrix} X_1 \\ X_2 \end{bmatrix}$$

として

$$\begin{bmatrix} Y_1 \\ Y_2 \\ Y_3 \end{bmatrix} = \begin{bmatrix} a_{11} & a_{12} \\ a_{21} & a_{22} \\ a_{31} & a_{32} \end{bmatrix}\begin{bmatrix} X_1 \\ X_2 \end{bmatrix},$$

または,

$$\boldsymbol{Y} = \boldsymbol{A}\boldsymbol{X}$$

のように書くのが，線型代数の記法である.

ここで,

$$\begin{bmatrix} X_1 \\ X_2 \end{bmatrix} + \begin{bmatrix} X_1{}' \\ X_2{}' \end{bmatrix} = \begin{bmatrix} X_1 + X_1{}' \\ X_2 + X_2{}' \end{bmatrix}$$

のように，ベクトル $\boldsymbol{X}$ と $\boldsymbol{X}'$ の和を考えるとき,

$$\boldsymbol{A}(\boldsymbol{X}+\boldsymbol{X}') = \boldsymbol{A}\boldsymbol{X} + \boldsymbol{A}\boldsymbol{X}'$$

となって,

$$\boldsymbol{f}(\boldsymbol{X}+\boldsymbol{X}') = \boldsymbol{f}(\boldsymbol{X}) + \boldsymbol{f}(\boldsymbol{X}')$$

となる．同じく,

$$\boldsymbol{f}(c\boldsymbol{X}) = c\boldsymbol{f}(\boldsymbol{X})$$

も成立する．このように，ここで問題にしているのは，ベクトル $\boldsymbol{X}$ からベクトル $\boldsymbol{Y}$ への関数，すなわち，ベクトル値とベクトル変数の正比例関数なのである.

ここで,

$$\boldsymbol{E}_1 = \begin{bmatrix} 1 \\ 0 \end{bmatrix}, \qquad \boldsymbol{E}_2 = \begin{bmatrix} 0 \\ 1 \end{bmatrix}$$

とし

$$\boldsymbol{a}_1 = \begin{bmatrix} a_{11} \\ a_{21} \\ a_{31} \end{bmatrix}, \quad \boldsymbol{a}_2 \begin{bmatrix} a_{12} \\ a_{22} \\ a_{32} \end{bmatrix}$$

とすると,

$$\begin{aligned} \boldsymbol{f}(\boldsymbol{X}) &= \boldsymbol{f}(\boldsymbol{E}_1 x_1 + \boldsymbol{E}_2 x_2) \\ &= \boldsymbol{f}(\boldsymbol{E}_1) x_1 + \boldsymbol{f}(\boldsymbol{E}_2) x_2 \\ &= \boldsymbol{a}_1 x_1 + \boldsymbol{a}_2 x_2, \end{aligned}$$

すなわち，

$$\begin{bmatrix} y_1 \\ y_2 \\ y_3 \end{bmatrix} = \begin{bmatrix} a_{11} \\ a_{21} \\ a_{31} \end{bmatrix} x_1 + \begin{bmatrix} a_{12} \\ a_{22} \\ a_{32} \end{bmatrix} x_2$$

という関係を意味していることになる．

このようにして，多次元の正比例法則というのは，ベクトル $\boldsymbol{X}$ からベクトル $\boldsymbol{Y}$ への関数として考えると，1 変数のときと対応した定式化が可能になる．このとき，比例定数としては，行列 $\boldsymbol{A}$ が出てくるのである．

このように整理した定式化をすることによって，1 変数と多変数との関係が明らかになり，見とおしがよくもなる．それで，最近では，線型代数の基礎の上に，多変数の微積分を建設する方向になってきた．しかし，線型代数に十分習熟していない場合も考慮して，なるべく始めのうちは，線型代数の記法を用いない記法と併用して，この本を読んでいくことじしんが，線型代数の記法の価値を知り，それに習熟する道にもつながるようにしたい．

ここで 1 変数の正比例に対応する事項をあげておこう．

まず，増減は多変数だから，そのままではいえないが，定常であるための条件は，係数がすべて 0 であることである．すなわち，

$$\boldsymbol{A}=\boldsymbol{0} \text{ のときにかぎり，定常．}$$

たとえば，

$$Y=a_1X_1+a_2X_2$$

が定常というのは，

$$[a_1 \quad a_2]=[0 \quad 0],$$

すなわち，

$$a_1=0, \qquad a_2=0$$

のことである．これは，まえの $Y=f(X_1, X_2)$ のグラフでいうと，グラフの平面が水平であるための条件を意味している．

つぎに，逆関数の存在だが，それには，$\boldsymbol{X}$ と $\boldsymbol{Y}$ が同次元のベクトルの場合でないと意味がない．たとえば，

$$\begin{bmatrix} Y_1 \\ Y_2 \end{bmatrix}=\begin{bmatrix} a_{11} & a_{12} \\ a_{21} & a_{22} \end{bmatrix}\begin{bmatrix} X_1 \\ X_2 \end{bmatrix}$$

すなわち，

$$Y_1=a_{11}X_1+a_{12}X_2,$$
$$Y_2=a_{21}X_1+a_{22}X_2$$

のときに，これを X_1 と X_2 の連立1次方程式として，解くことができるとき，行列 $\boldsymbol{A}$ を正則という．そして，これを解いた，

$$\boldsymbol{X}=\boldsymbol{f}^{-1}(\boldsymbol{Y})$$

を考えると，これも正比例の特徴を持っているので1次式になって，

$$X_1={a_{11}}'Y_1+{a_{12}}'Y_2,$$

$$X_2 = a_{21}'Y_1 + a_{22}'Y_2,$$

すなわち，

$$\begin{bmatrix} X_1 \\ X_2 \end{bmatrix} = \begin{bmatrix} a_{11}' & a_{12}' \\ a_{21}' & a_{22}' \end{bmatrix} \begin{bmatrix} Y_1 \\ Y_2 \end{bmatrix}$$

のようになる．この行列は，$\boldsymbol{A}$ の逆行列といい

$$\boldsymbol{A}^{-1} = \begin{bmatrix} a_{11}' & a_{12}' \\ a_{21}' & a_{22}' \end{bmatrix}$$

と表わす．すると，1変数の場合に対応して，$\boldsymbol{A}^{-1}$ が存在すれば（$\boldsymbol{A}$ が正則ならば），逆関数が存在して，

$$\boldsymbol{X} = \boldsymbol{A}^{-1}\boldsymbol{Y}$$

となる．正則となるための条件はいろいろあるが，$\boldsymbol{A}$ の行列式

$$\det \boldsymbol{A} = \begin{vmatrix} a_{11} & a_{12} \\ a_{21} & a_{22} \end{vmatrix}$$

という量（ここでは，$a_{11}a_{22} - a_{12}a_{21}$）を用いれば $\det A \neq 0$ のとき，といってもよい．じっさい，連立1次方程式を加減法でといてみれば，

$$a_{11}a_{22}X_1 + a_{12}a_{22}X_2 = a_{22}Y_1,$$
$$a_{12}a_{21}X_1 + a_{12}a_{22}X_2 = a_{12}Y_2$$

より，

$$X_1 = \frac{a_{22}}{\det \boldsymbol{A}}Y_1 + \frac{-a_{12}}{\det \boldsymbol{A}}Y_2$$

となる．しかし，今の段階では，行列式を持ち出す必要はまだないので，正則ということは，$\boldsymbol{A}^{-1}$ の存在だけでよい．

また，1変数のときの議論に，正比例の合成を用いた．一般の場合，たとえば，

$$\begin{aligned} y_1 &= a_{11}x_1 + a_{12}x_2, \\ y_2 &= a_{21}x_1 + a_{22}x_2, \\ y_3 &= a_{31}x_1 + a_{32}x_2 \end{aligned}$$

と，

$$\begin{aligned} z_1 &= b_{11}y_1 + b_{12}y_2 + b_{13}y_3, \\ z_2 &= b_{21}y_1 + b_{22}y_2 + b_{23}y_3, \\ z_3 &= b_{31}y_1 + b_{32}y_2 + b_{33}y_3, \\ z_4 &= b_{41}y_1 + b_{42}y_2 + b_{43}y_3 \end{aligned}$$

を合成すること，などを考えねばならない．すなわち，

$$\boldsymbol{X} \longmapsto \boldsymbol{Y} = \boldsymbol{A}\boldsymbol{X}, \qquad \boldsymbol{Y} \longmapsto \boldsymbol{Z} = \boldsymbol{B}\boldsymbol{Y}$$

から，

$$\boldsymbol{X} \longmapsto \boldsymbol{Z} = (\boldsymbol{B}\boldsymbol{A})\boldsymbol{X}$$

を作る，行列の乗法である．これを

$$\begin{bmatrix} b_{11} & b_{12} & b_{13} \\ b_{21} & b_{22} & b_{23} \\ b_{31} & b_{32} & b_{33} \\ b_{41} & b_{42} & b_{43} \end{bmatrix} \begin{bmatrix} a_{11} & a_{12} \\ a_{21} & a_{22} \\ a_{31} & a_{32} \end{bmatrix} = \begin{bmatrix} c_{11} & c_{12} \\ c_{21} & c_{22} \\ c_{31} & c_{32} \\ c_{41} & c_{42} \end{bmatrix}$$

のように，行列の乗法の形に書くのが行列算である．現実

の問題としては，代入しても間に合うが，それではメンドーでもあり，この結果は，

$$\begin{aligned} c_{ij} &= a_{i1}b_{1j} + a_{i2}b_{2j} + a_{i3}b_{3j} \\ &= \begin{bmatrix} a_{i1} & a_{i2} & a_{i3} \end{bmatrix} \begin{bmatrix} b_{1j} \\ b_{2j} \\ b_{3j} \end{bmatrix} \end{aligned}$$

となるので，「前はヨコワリ，後はタテワリ」とおぼえておいて，その番号に合わせて考えればよいことになる．このあたり，結果だけの「チャート」のようになって，もうしわけないのだが，本来は，線型代数としてキチンと学習すべきものであり，この本では，線型代数を知らない人にも話のスジがわかるように（しかも，線型代数をていねいに書いているヒマもなく）というわけで，こんなことになってしまった．もっとも，理念のスジの方だけわかれば，行列算にはオイオイになれていくことで十分である．

もちろん，ここに出てきたのは，線型代数の一番初歩の部分である．この本全体としては，線型代数のほとんどの部分が関係するのだが，それはまた関連したところでふれることにする．線型代数をマスターしてから，というのではシンドイので，サンドイッチ方式にしたわけである．また，これらの解析学と関連させていく方が，線型代数そのものも意味がよくわかることもある．

3. 多変数関数の微分

正比例関数を基礎にして一般の関数の変化の解析をする手つづきを，多変数関数について考えれば，多変数の解析になる．

いま，関数

$$\boldsymbol{x} = \begin{bmatrix} x_1 \\ x_2 \end{bmatrix} \longmapsto y = y(\boldsymbol{x}) = y(x_1, x_2)$$

があったとする．このとき，

$$\boldsymbol{x}_0 = \begin{bmatrix} x_{10} \\ x_{20} \end{bmatrix}$$

からの変化を問題にしよう．ここで，1次式

$$Y = [a_1 \quad a_2] \begin{bmatrix} X_1 \\ X_2 \end{bmatrix} = a_1 X_1 + a_2 X_2$$

の形で1次化すればよいことになる．

ここで，1次関数の意味をふりかえってみる．a_1 とは何であったかというと，$X_2 = 0$，すなわち x_2 の変化がないときの，x_1 にたいする y の無限小変化率ということに

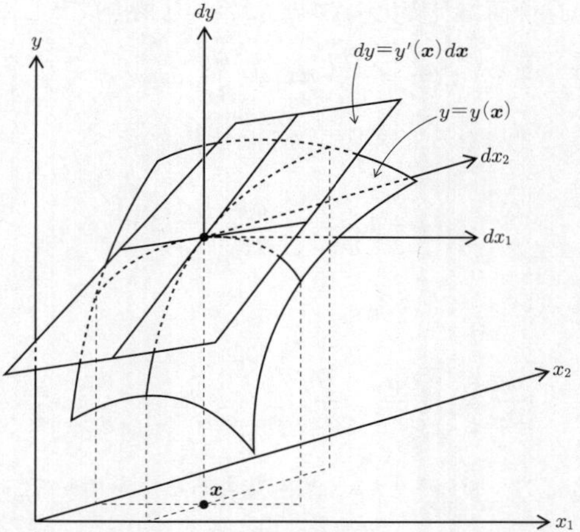

図 1.12

なる．これは，1 変数の関数

$$x_1 \longmapsto y = y(x_1, x_{20})$$

を微分すればできる．この微係数は x_1 に関する偏微係数といい，

$$\frac{\partial y}{\partial x_1} \qquad \text{または} \qquad y'_{x_1}(\boldsymbol{x}_0)$$

で表わす．このとき，すなわち，x_1 だけの変化を問題にしている場合は，

$$dy = \frac{\partial y}{\partial x_1} dx_1$$

である．同様に x_2 だけの変化も 1 変数の場合に帰着され，

x_1 と x_2 の両方が変化する場合は，加法的合成として，

$$dy = \frac{\partial y}{\partial x_1}dx_1 + \frac{\partial y}{\partial x_2}dx_2$$

ということになる．線型代数の記号では，

$$dy = \begin{bmatrix} \dfrac{\partial y}{\partial x_1} & \dfrac{\partial y}{\partial x_2} \end{bmatrix} \begin{bmatrix} dx_1 \\ dx_2 \end{bmatrix}$$

となるので，

$$\frac{dy}{d\boldsymbol{x}} = \begin{bmatrix} \dfrac{\partial y}{\partial x_1} & \dfrac{\partial y}{\partial x_2} \end{bmatrix}, \qquad d\boldsymbol{x} = \begin{bmatrix} dx_1 \\ dx_2 \end{bmatrix}$$

という記号（$y'(\boldsymbol{x})$ という書き方もある）を用いて，

$$dy = y'(\boldsymbol{x})d\boldsymbol{x}$$

と書いたりする．ここで，微係数 $y'(\boldsymbol{x})$ は横ベクトルを表わすのである．

とくに，多変数になったために注意しなければならないのは，$d\boldsymbol{x}$ がベクトルになったので，$dy \div d\boldsymbol{x}$ というものは意味をもたないことである．また，$dy \div dx_1$ とか，$dy \div dx_2$ にしても，無条件で考えるわけにはいかない．$\langle dx_2 = 0 \rangle$ という条件下においてはじめて，$dy \div dx_1$ を考える意味がある．すなわち，偏微係数の $\partial y/\partial x_1$ というのは，たんなる変化率ではなくて，特定の条件 $\langle dx_2 = 0 \rangle$ における変化率である．

このために，ふつうの d でなくて，シッポのついたマルイ ∂ を使って区別している．この記号の読み方は人に

よってマチマチで，たいていは，d という字の何国語かの読み方（デーなど）を使うか，マルイ d ということを何国語かでいう．マルイだけを言う人もある．ぼくはときどき，シッポ y シッポ x_1 といったりもするが，これはどうやら，ぼくだけらしい．ともかく，シッポは条件付のしるしだ，ということを注意すればよい．

もう1つ，多変数になってウルサイことは，1変数とちがって多変数のときは，$\boldsymbol{x}$ の変化というのが，x_1 と x_2 の方向への変化だけでなく，その中間のさまざまな変化があることである．そこで，1次化の可能性を定式化するのに，y'_{x_1} と y'_{x_2} の存在だけですますわけにはいかない．そこで，この定式化には，近似を用いた定式化を行なう．近似式は，

$$y(x_1,x_2)=y(x_{10},x_{20})+y'_{x_1}(x_{10},x_{20})(x_1-x_{10})\\ +y'_{x_2}(x_{10},x_{20})(x_2-x_{20})+\varepsilon,$$

すなわち，

$$y(\boldsymbol{x})=y(\boldsymbol{x}_0)+y'(\boldsymbol{x}_0)(\boldsymbol{x}-\boldsymbol{x}_0)+\varepsilon$$

の形をしている．ここで，

$$|\boldsymbol{x}-\boldsymbol{x}_0|=((x_1-x_{10})^2+(x_2-x_{20})^2)^{\frac{1}{2}}$$

を利用して，

$$\lim_{x\to x_0}\frac{\varepsilon}{|\boldsymbol{x}-\boldsymbol{x}_0|}=0$$

とできることを，微分可能の定義にする．この $\boldsymbol{x}\to\boldsymbol{x}_0$ というのは，$|\boldsymbol{x}-\boldsymbol{x}_0|\to 0$ の意味であって，近づく方向や近づき方に条件をつけない．

このことは，論理を精密に展開するときは微妙な差になる．そして，「病理的な」関数の例がいろいろと作れる．ふつうの大学程度の教科書でも，このあたりの論理を注意深く読めば，インチキやゴマカシがよく発見される．その意味で，論理の精密で注意深い展開の訓練になるし，19世紀後半の解析学はこれらに神経質である体質を持っていたので，これらが重視されがちであった（じつは，それでもマチガイがありがちなのだが）．ここではいくつかの病理的な例をあげるにとどめる．

1）　$y = r\sin 2\theta$　（極座標で）

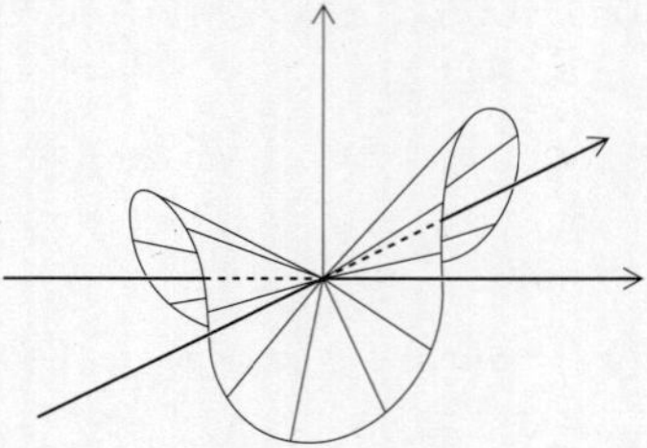

図 1.13

これは，シボリのように，原点のまわりに波うっており，$y'(\mathbf{0}) = [0 \quad 0]$ であるが，ほかの方角からは，変化率は0にはならないし，接平面をもたない．

2）　$$y = \begin{cases} \sin 2\theta & (r \neq 0) \\ 0 & (r = 0) \end{cases}$$

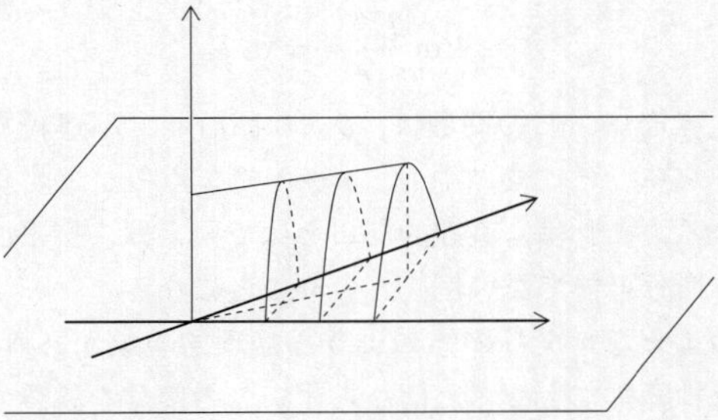

図 1.14

これは，1）と同様に $y'(\mathbf{0}) = [0 \quad 0]$ が形式的には考えられるが，連続ですらない．

3）
$$y = \begin{cases} r^{\theta+1} & (r \neq 0, \quad 0 < \theta \leqq 2\pi) \\ 0 & (r = 0) \end{cases}$$

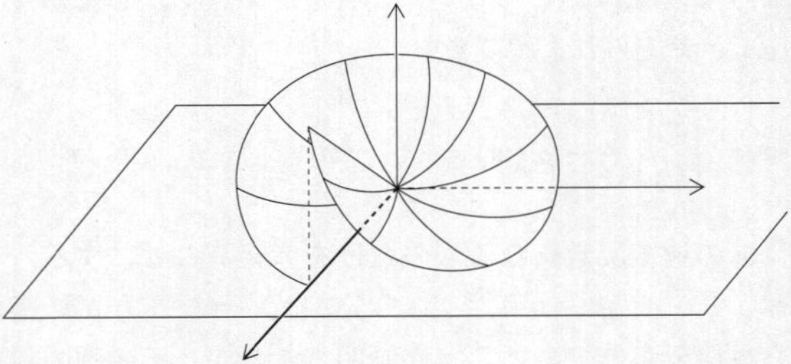

図 1.15

これは，どの方向からも変化率 0 であるが，その収束のしかたが，方向 θ によって変わって，

$$\lim_{r\to 0}\frac{r^{\theta+1}}{r}=0$$

とはいえない．この関数は，$\theta=0$ に沿って不連続であるが，さらにサイクをすれば，$r\neq 0$ でなめらかにすることもできる．これは，直観的なことばでいえば，接平面があるのに微分可能でない例，ということになる．

このような，ダリの絵のような病理的現象があるので，多少は神経質にもならねばならず，この部分を講義する大学教師にとっては，学生にアゲアシをとられないためには，難所の１つになっている（ぼくのザンゲ話を書くと，最初にここを講義したときには，インチキを書いてある，某有名教科書を使ったために，黒板の前で立往生を数度やったことがある）．しかし，この本はもっとオオラカナ気持ちで進みたいし，ふつうの健康な（？）関数では，このような現象はおこらない．１次化ができて，したがって $y'(\boldsymbol{x})$ が考えられ，導関数

$$\boldsymbol{x}=\begin{bmatrix}x_1\\x_2\end{bmatrix}\longmapsto y'(\boldsymbol{x})=[y'_{x_1}(x_1,x_2)\quad y'_{x_2}(x_1,x_2)]$$

が，$\boldsymbol{x}$ の連続関数になるものだけを考えることにする．じつは，y'_{x_1} と y'_{x_2} が（さらにじつは，その一方が）連続ならば微分可能であることが証明できるが，その種の議論に神経質にはならず，なめらかな関数の名のもとに，この種の健康な関数だけを問題にする．実用的には，なめらかでない点が少しはあってもよい（区分的になめらかな関数

という，いわば，なめらかな関数をツギハギした程度のもの）ということが必要なのだが，それらは「良識にしたがって」処理することにする．

さらに，一般的な扱いをするために，連立の場合，たとえば，

$$\begin{aligned} y_1 &= y_1(x_1, x_2), \\ y_2 &= y_2(x_1, x_2), \\ y_3 &= y_3(x_1, x_2) \end{aligned}$$

を

$$\begin{bmatrix} x_1 \\ x_2 \end{bmatrix} \longmapsto \begin{bmatrix} y_1 \\ y_2 \\ y_3 \end{bmatrix} = \begin{bmatrix} y_1(x_1, x_2) \\ y_2(x_1, x_2) \\ y_3(x_1, x_2) \end{bmatrix},$$

すなわち，

$$\boldsymbol{x} \longmapsto \boldsymbol{y} = \boldsymbol{y}(\boldsymbol{x})$$

とまとめて考えることにしよう．

このとき，微分すれば

$$\begin{aligned} dy_1 &= \frac{\partial y_1}{\partial x_1} dx_1 + \frac{\partial y_1}{\partial x_2} dx_2, \\ dy_2 &= \frac{\partial y_2}{\partial x_1} dx_1 + \frac{\partial y_2}{\partial x_2} dx_2, \\ dy_3 &= \frac{\partial y_3}{\partial x_1} dx_1 + \frac{\partial y_3}{\partial x_2} dx_2, \end{aligned}$$

まとめて，

$$\begin{bmatrix} dy_1 \\ dy_2 \\ dy_3 \end{bmatrix} = \begin{bmatrix} \dfrac{\partial y_1}{\partial x_1} & \dfrac{\partial y_1}{\partial x_2} \\ \dfrac{\partial y_2}{\partial x_1} & \dfrac{\partial y_2}{\partial x_2} \\ \dfrac{\partial y_3}{\partial x_1} & \dfrac{\partial y_3}{\partial x_2} \end{bmatrix} \begin{bmatrix} dx_1 \\ dx_2 \end{bmatrix}$$

となる．ここで，これらをそれぞれ $d\boldsymbol{y}$, $\dfrac{d\boldsymbol{y}}{d\boldsymbol{x}}$ または $\boldsymbol{y}'(\boldsymbol{x})$, $d\boldsymbol{x}$ という記号を用いれば,

$$d\boldsymbol{x} \longmapsto d\boldsymbol{y} = \boldsymbol{y}'(\boldsymbol{x})d\boldsymbol{x}$$

となる．ここで，$d\boldsymbol{x}$ と $d\boldsymbol{y}$ はベクトル，$\boldsymbol{y}'(\boldsymbol{x})$ は行列となる．この場合，導関数

$$\boldsymbol{x} \longmapsto \boldsymbol{y}'(\boldsymbol{x})$$

は，ベクトルを変数にして，行列を値にもつ関数ということになる．ここでも,

$$\boldsymbol{y}(\boldsymbol{x}) = \boldsymbol{y}(\boldsymbol{x}_0) + \boldsymbol{y}'(\boldsymbol{x}_0)(\boldsymbol{x} - \boldsymbol{x}_0) + \boldsymbol{\varepsilon}$$

と書くとき，$\boldsymbol{y}(\boldsymbol{x}), \boldsymbol{y}(\boldsymbol{x}_0), (\boldsymbol{x} - \boldsymbol{x}_0), \boldsymbol{\varepsilon}$ はベクトルであり，$\boldsymbol{y}'(\boldsymbol{x}_0)$ は行列であるが,

$$\lim_{x \to x_0} \boldsymbol{\varepsilon} \frac{1}{|\boldsymbol{x} - \boldsymbol{x}_0|} = \boldsymbol{0}$$

という形が，行列算の意味で成立する．

こうして，一般に，ベクトル $\boldsymbol{x}$ からベクトル $\boldsymbol{y}$ への関数

$$\boldsymbol{x} \longmapsto \boldsymbol{y} = \boldsymbol{y}(\boldsymbol{x})$$

にたいして，その微分

$$d\boldsymbol{x} \longmapsto d\boldsymbol{y} = \boldsymbol{y}'(\boldsymbol{x})d\boldsymbol{x}$$

が考えられることになる.

1変数のときのように，この1次関数と，変量の $d\boldsymbol{x}$ や $d\boldsymbol{y}$ とを，「ことばの濫用」によって，微分とよぶためには，変数変換との関連をたしかめておかねばならない．まず，単純な場合，

$$z = z(y_1, y_2), \qquad y_1 = y_1(x), \qquad y_2 = y_2(x)$$

を考えてみよう．これは微分すると，

$$dz = \begin{bmatrix} \dfrac{\partial z}{\partial y_1} & \dfrac{\partial z}{\partial y_2} \end{bmatrix} \begin{bmatrix} dy_1 \\ dy_2 \end{bmatrix}, \qquad \begin{bmatrix} dy_1 \\ dy_2 \end{bmatrix} = \begin{bmatrix} \dfrac{dy_1}{dx} \\ \dfrac{dy_2}{dx} \end{bmatrix}$$

である．ここで，

$$x \longmapsto z = z(y_1(x), y_2(x))$$

を考えると，

$$\begin{aligned} &z(y_1(x), y_2(x)) - z(y_1(x_0), y_2(x_0)) \\ &= z(y_1(x), y_2(x)) - z(y_1(x_0), y_2(x)) \\ &\quad + z(y_1(x_0), y_2(x)) - z(y_1(x_0), y_2(x_0)) \\ &= \frac{z(y_1(x), y_2(x)) - z(y_1(x_0), y_2(x))}{y_1(x) - y_1(x_0)}(y_1(x) - y_1(x_0)) \\ &\quad + \frac{z(y_1(x_0), y_2(x)) - z(y_1(x_0), y_2(x_0))}{y_2(x) - y_2(x_0)}(y_2(x) - y_2(x_0)) \end{aligned}$$

となって，

$$\frac{dz}{dx} = \frac{\partial z}{\partial y_1}\frac{dy_1}{dx} + \frac{\partial z}{\partial y_2}\frac{dy_2}{dx},$$

すなわち，

$$\frac{dz}{dx} = \begin{bmatrix} \dfrac{\partial z}{\partial y_1} & \dfrac{\partial z}{\partial y_2} \end{bmatrix} \begin{bmatrix} \dfrac{dy_1}{dx} \\ \dfrac{dy_2}{dx} \end{bmatrix}$$

と，行列算の計算と一致することになる．

一般に，たとえば，

$$\begin{aligned} z_1 &= z_1(y_1, y_2), & & \\ z_2 &= z_2(y_1, y_2), & \qquad y_1 &= y_1(x_1, x_2, x_3), \\ z_3 &= z_3(y_1, y_2), & \qquad y_2 &= y_2(x_1, x_2, x_3), \\ z_4 &= z_4(y_1, y_2) & & \end{aligned}$$

があったとすると，

$$\begin{bmatrix} dz_1 \\ dz_2 \\ dz_3 \\ dz_4 \end{bmatrix} = \begin{bmatrix} \dfrac{\partial z_1}{\partial y_1} & \dfrac{\partial z_1}{\partial y_2} \\ \dfrac{\partial z_2}{\partial y_1} & \dfrac{\partial z_2}{\partial y_2} \\ \dfrac{\partial z_3}{\partial y_1} & \dfrac{\partial z_3}{\partial y_2} \\ \dfrac{\partial z_4}{\partial y_1} & \dfrac{\partial z_4}{\partial y_2} \end{bmatrix} \begin{bmatrix} dy_1 \\ dy_2 \end{bmatrix},$$

$$\begin{bmatrix} dy_1 \\ dy_2 \end{bmatrix} = \begin{bmatrix} \dfrac{\partial y_1}{\partial x_1} & \dfrac{\partial y_1}{\partial x_2} & \dfrac{\partial y_1}{\partial x_3} \\ \dfrac{\partial y_2}{\partial x_1} & \dfrac{\partial y_2}{\partial x_2} & \dfrac{\partial y_2}{\partial x_3} \end{bmatrix} \begin{bmatrix} dx_1 \\ dx_2 \\ dx_3 \end{bmatrix}$$

において，たとえば

$$\frac{\partial z_3}{\partial x_2}=\begin{bmatrix}\dfrac{\partial z_3}{\partial y_1} & \dfrac{\partial z_3}{\partial y_2}\end{bmatrix}\begin{bmatrix}\dfrac{\partial y_1}{\partial x_2}\\ \dfrac{\partial y_2}{\partial x_2}\end{bmatrix}$$

となるから，行列算の意味で，

$$\begin{bmatrix}\dfrac{\partial z_1}{\partial y_1} & \dfrac{\partial z_1}{\partial y_2}\\ \dfrac{\partial z_2}{\partial y_1} & \dfrac{\partial z_2}{\partial y_2}\\ \dfrac{\partial z_3}{\partial y_1} & \dfrac{\partial z_3}{\partial y_2}\\ \dfrac{\partial z_4}{\partial y_1} & \dfrac{\partial z_4}{\partial y_2}\end{bmatrix}\begin{bmatrix}\dfrac{\partial y_1}{\partial x_1} & \dfrac{\partial y_1}{\partial x_2} & \dfrac{\partial y_1}{\partial x_3}\\ \dfrac{\partial y_2}{\partial x_1} & \dfrac{\partial y_2}{\partial x_2} & \dfrac{\partial y_2}{\partial x_3}\end{bmatrix}=\begin{bmatrix}\dfrac{\partial z_1}{\partial x_1} & \dfrac{\partial z_1}{\partial x_2} & \dfrac{\partial z_1}{\partial x_3}\\ \dfrac{\partial z_2}{\partial x_1} & \dfrac{\partial z_2}{\partial x_2} & \dfrac{\partial z_2}{\partial x_3}\\ \dfrac{\partial z_3}{\partial x_1} & \dfrac{\partial z_3}{\partial x_2} & \dfrac{\partial z_3}{\partial x_3}\\ \dfrac{\partial z_4}{\partial x_1} & \dfrac{\partial z_4}{\partial x_2} & \dfrac{\partial z_4}{\partial x_3}\end{bmatrix}$$

となる．結局，まとめると，

［定理］ 関数

$$\boldsymbol{x}\longmapsto\boldsymbol{y}=\boldsymbol{y}(\boldsymbol{x}),\qquad \boldsymbol{y}\longmapsto\boldsymbol{z}=\boldsymbol{z}(\boldsymbol{y})$$

を微分して，

$$d\boldsymbol{x}\longmapsto d\boldsymbol{y}=\boldsymbol{y}'(\boldsymbol{x})d\boldsymbol{x},\qquad d\boldsymbol{y}\longmapsto d\boldsymbol{z}=\boldsymbol{z}'(\boldsymbol{y})d\boldsymbol{y}$$

を作るとき，合成関数

$$\boldsymbol{x}\longmapsto\boldsymbol{z}=\boldsymbol{z}(\boldsymbol{y}(\boldsymbol{x}))$$

の微分

$$d\boldsymbol{x}\longmapsto d\boldsymbol{z}=\boldsymbol{z}'(\boldsymbol{x})d\boldsymbol{x}$$

にたいし，行列算の意味で，

$$\frac{d\boldsymbol{z}}{d\boldsymbol{x}}=\frac{d\boldsymbol{z}}{d\boldsymbol{y}}\frac{d\boldsymbol{y}}{d\boldsymbol{x}}$$

となる.

これで,「理念としては」, 微分するとは1次化することであり, 1次の場合, すなわち線型代数の理論に帰着するための手つづきにすぎない, ということになる. その理論的構造は1変数の場合と同じである.

ちがう点は, 1次関数のときにすでに存在したような多次元であることの複雑さ(それは, ふつうの四則のかわりに行列算の四則を用いねばならない), 多変数であるための論理の展開の錯雑(それについては, 神経質にならないことにしたが, 病理的現象の存在だけは知っておいた方がよい), 実際の微分計算において条件を考慮しなければならないためのマチガイやすさ, などの点である. この最後の点については, 具体例の計算を通じて, 今後の展開の中で習熟していけるようにしよう.

4. 多変数の微分計算

実際の微分計算をするには，1変数のときと同じく，合成関数の微分の公式を利用して，順次計算していけばよいだけで，それに，どの変数の関数と考えて偏微係数を計算するかに気をつかう必要がある．しかし，ここで，原理的なことについて少し整理しておこう．

まず，当然のこととして，

［定理］ 関数

$$\boldsymbol{x} \longmapsto \boldsymbol{y} = \boldsymbol{f}(\boldsymbol{x})$$

で，$\boldsymbol{f}$ が（同次）1次関数ならば，その微分は

$$d\boldsymbol{x} \longmapsto d\boldsymbol{y} = \boldsymbol{f}(d\boldsymbol{x})$$

である．

この定理は，すぐに複1次関数の場合に拡張される．複1次関数というのは，2変数の関数

$$(\boldsymbol{x}, \boldsymbol{y}) \longmapsto \boldsymbol{z} = \boldsymbol{f}(\boldsymbol{x}, \boldsymbol{y})$$

であって（一般に，$\boldsymbol{x}, \boldsymbol{y}, \boldsymbol{z}$ はベクトルとする），$\boldsymbol{y}$ を固定して，

$$\boldsymbol{x} \longmapsto \boldsymbol{z} = \boldsymbol{f}(\boldsymbol{x}, \boldsymbol{y}_0),$$

$\boldsymbol{x}$ を固定して

$$\boldsymbol{y} \longmapsto \boldsymbol{z} = \boldsymbol{f}(\boldsymbol{x}_0, \boldsymbol{y})$$

の両方が（同次）1次関数になっているものである．これは，ベクトルの1次関数が正比例の一般化であったように，複比例の一般化になっている．

x と y が数の場合だと，ふつうの複比例

$$f(x, y) = axy$$

である．一般には，たとえば，

$$\boldsymbol{x} = \begin{bmatrix} x_1 \\ x_2 \\ x_3 \end{bmatrix}, \qquad \boldsymbol{y} = \begin{bmatrix} y_1 \\ y_2 \end{bmatrix}, \qquad \boldsymbol{A} = \begin{bmatrix} a_{11} & a_{12} & a_{13} \\ a_{21} & a_{22} & a_{23} \end{bmatrix}$$

として，

$$\begin{aligned} f(\boldsymbol{x}, \boldsymbol{y}) &= a_{11}x_1y_1 + a_{12}x_2y_1 + a_{13}x_3y_1 \\ &\qquad + a_{21}x_1y_2 + a_{22}x_2y_2 + a_{23}x_3y_2 \\ &= \begin{bmatrix} y_1 & y_2 \end{bmatrix} \begin{bmatrix} a_{11} & a_{12} & a_{13} \\ a_{21} & a_{22} & a_{23} \end{bmatrix} \begin{bmatrix} x_1 \\ x_2 \\ x_3 \end{bmatrix} \end{aligned}$$

のようなものでもよい．このとき，微分の定義から，

［定理］ 関数

$$\begin{bmatrix} \boldsymbol{x} \\ \boldsymbol{y} \end{bmatrix} \longmapsto \boldsymbol{z} = \boldsymbol{f}(\boldsymbol{x}, \boldsymbol{y})$$

で，$\boldsymbol{f}$ が複1次関数ならば，その微分は，

$$\begin{bmatrix} d\boldsymbol{x} \\ d\boldsymbol{y} \end{bmatrix} \longmapsto d\boldsymbol{z} = \boldsymbol{f}(d\boldsymbol{x}, \boldsymbol{y}) + \boldsymbol{f}(\boldsymbol{x}, d\boldsymbol{y})$$

となる．

とくに，これらは，和と積の微分の公式

$$d(x+y) = dx + dy,$$
$$d(xy) = ydx + xdy$$

になる．積の微分の方は，1変数のときにすでに用いた公式を，多変数の立場から見直したものである．

もちろん，1変数の微分計算で練習した，指数関数や3角関数などの計算が必要ではあるが，本質的に2変数的な結合関係は和と積だけであり，あとはこれに合成関数の公式を結合すれば，計算はできよう．もちろん，

$$z = x^y$$

のようなものもあるが，これは対数をとって

$$\log z = y \log x$$

と積にして，

$$\frac{dz}{z} = \frac{y}{x} dx + \log x \, dy$$

となるわけで，これも1変数のときと同じである．

実際の例について計算してみよう．

2次元の直角座標と極座標の関係，

$$x = \rho \cos \varphi,$$
$$y = \rho \sin \varphi$$

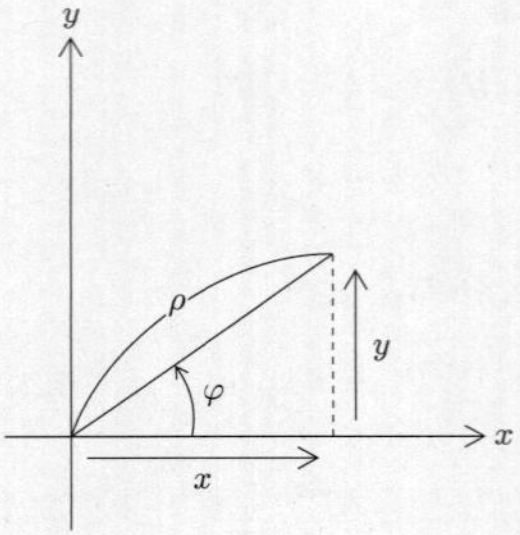

図 1.16

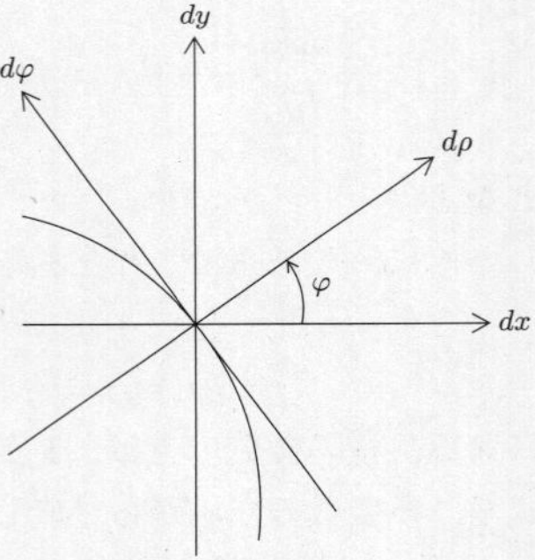

図 1.17

を考える（図 1.16）．これを微分すると，

$$dx = \cos\varphi\, d\rho - \rho\sin\varphi\, d\varphi,$$
$$dy = \sin\varphi\, d\rho + \rho\cos\varphi\, d\varphi$$

となる．行列を使うときは，

$$\begin{bmatrix} dx \\ dy \end{bmatrix} = \begin{bmatrix} \cos\varphi & -\rho\sin\varphi \\ \sin\varphi & \rho\cos\varphi \end{bmatrix} \begin{bmatrix} d\rho \\ d\varphi \end{bmatrix}$$

となる．

これはまた

$$\begin{bmatrix} dx \\ dy \end{bmatrix} = \begin{bmatrix} \cos\varphi & -\sin\varphi \\ \sin\varphi & \cos\varphi \end{bmatrix} \begin{bmatrix} d\rho \\ \rho d\varphi \end{bmatrix}$$

でもある．この行列

$$R_\varphi = \begin{bmatrix} \cos\varphi & -\sin\varphi \\ \sin\varphi & \cos\varphi \end{bmatrix}$$

は，角 φ だけの回転を意味している．

つぎに，3 次元で，

$$x = r\sin\theta\cos\varphi,$$
$$y = r\sin\theta\sin\varphi,$$
$$z = r\cos\theta$$

を考える．これは，直接計算してもよいが，2 次元の極座標と関連させるために，円柱座標から考えよう（図 1.18）．このときは，2 次元のときと同じで，

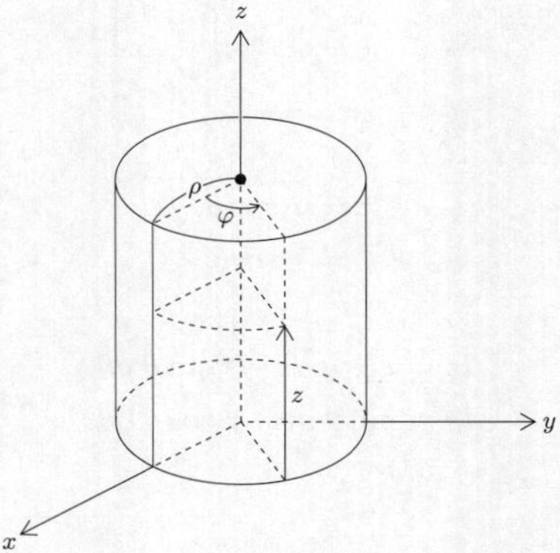

図 1.18

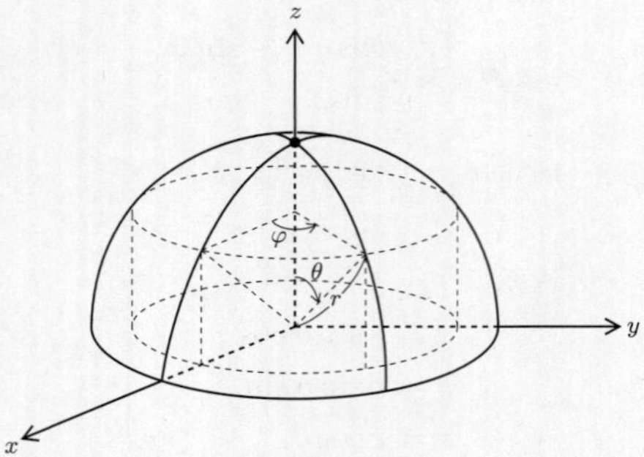

図 1.19

$$\begin{bmatrix} dx \\ dy \\ dz \end{bmatrix} = \begin{bmatrix} \cos\varphi & -\rho\sin\varphi & 0 \\ \sin\varphi & \rho\cos\varphi & 0 \\ 0 & 0 & 1 \end{bmatrix} \begin{bmatrix} d\rho \\ d\varphi \\ dz \end{bmatrix}$$

である．

これと，図 1.19 の

$$z = r\cos\theta,$$
$$\rho = r\sin\theta$$

を微分した

$$dz = \cos\theta\, dr - r\sin\theta\, d\theta,$$
$$d\rho = \sin\theta\, dr + r\cos\theta\, d\theta$$

を代入すればよいわけで，

$$
\begin{aligned}
dx &= \sin\theta\cos\varphi\, dr + r\cos\theta\cos\varphi\, d\theta \\
&\qquad\qquad\qquad - r\sin\theta\sin\varphi\, d\varphi, \\
dy &= \sin\theta\sin\varphi\, dr + r\cos\theta\sin\varphi\, d\theta \\
&\qquad\qquad\qquad + r\sin\theta\cos\varphi\, d\varphi, \\
dz &= \cos\theta\, dr - r\sin\theta\, d\theta.
\end{aligned}
$$

行列で書けば,

$$
\begin{bmatrix} dx \\ dy \\ dz \end{bmatrix} = \begin{bmatrix} \sin\theta\cos\varphi & r\cos\theta\cos\varphi & -r\sin\theta\sin\varphi \\ \sin\theta\sin\varphi & r\cos\theta\sin\varphi & r\sin\theta\cos\varphi \\ \cos\theta & -r\sin\theta & 0 \end{bmatrix} \begin{bmatrix} dr \\ d\theta \\ d\varphi \end{bmatrix}
$$

となる.

これらから, 円柱

$$\rho = a$$

上で,

$$
\begin{bmatrix} dx \\ dy \\ dz \end{bmatrix} = \begin{bmatrix} -a\sin\varphi & 0 \\ a\cos\varphi & 0 \\ 0 & 1 \end{bmatrix} \begin{bmatrix} d\varphi \\ dz \end{bmatrix}
$$

がえられる. 球面

$$r = a$$

上では,

$$
\begin{bmatrix} dx \\ dy \\ dz \end{bmatrix} = \begin{bmatrix} a\cos\theta\cos\varphi & -a\sin\theta\sin\varphi \\ a\cos\theta\sin\varphi & a\sin\theta\cos\varphi \\ -a\sin\theta & 0 \end{bmatrix} \begin{bmatrix} d\theta \\ d\varphi \end{bmatrix}
$$

がえられることになる．これらは，もちろん直接の計算も可能である．多変数の微分の計算としては，とくに，この種のタイプの計算がよく出てくる．

[練習問題]　次の関数を微分せよ．

1)　1 葉双曲面　$x = a\cosh\xi\cos\varphi,$
（a：一定）　$y = a\cosh\xi\sin\varphi,$
$z = a\sinh\xi$

2)　2 葉双曲面　$x = a\sinh\xi\cos\varphi$
（a：一定）　$y = a\sinh\xi\sin\varphi$
$z = a\cosh\xi$

3)　円錐面　$x = r\sin\alpha\cos\varphi$
（α：一定）　$y = r\sin\alpha\sin\varphi$
$z = r\cos\alpha$

5. 陰関数

2つの変数 x と y とが,

$$f(x, y) = 0$$

という関係でしばられているとき, x を変えたとき, y はこの条件をみたすという制約のために, 特定の値しかとらないことが考えられる. y を変えたときも同様である. このとき, ふつう, x と y とが関数関係にある, といったりする(正確には f に条件が必要であるが). しかし, このことばは, y が x の関数である, というのとはちがう. 関数という場合は, 数学の形式としては,

$$x \longmapsto y = y(x)$$

のように, x から y へであって x と y との関係ではない.

しかし, x の特定の値にたいし,

$$f(x, y) = 0$$

を y についてといて,

$$y = y(x)$$

の形にすることができれば, この関係から, x から y への関数を作ることができることになる. この意味で, これを陰関数といったりもする.

そこで, どのようなときに, 陰関数で表わされた関係か

ら関数が作れるか，が問題になる．

まず，1次の場合

$$ax+by=0$$

について考えよう．このときは，

$$b \neq 0 \text{ ならば}$$

$$y=-\frac{a}{b}x$$

として，正比例関数が作れる．

一般の場合は，$z=f(x,y)$ を微分すれば

$$dz=\frac{\partial f}{\partial x}dx+\frac{\partial f}{\partial y}dy$$

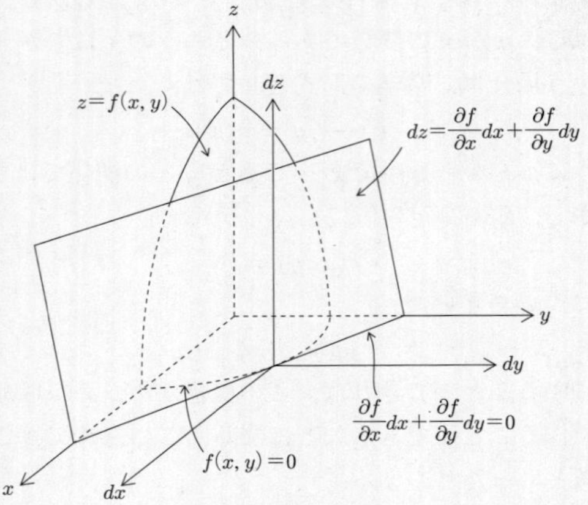

図 1.20

となり，この $dz=0$ での切り口は，

$$\frac{\partial f}{\partial x}dx+\frac{\partial f}{\partial y}dy=0$$

であって，

$$\frac{\partial f}{\partial y}\neq 0 \text{ ならば}$$

$$dy=-\frac{\dfrac{\partial f}{\partial x}}{\dfrac{\partial f}{\partial y}}dx,$$

したがって，

$$\frac{dy}{dx}=-\frac{\dfrac{\partial f}{\partial x}}{\dfrac{\partial f}{\partial y}}$$

となる．

これは，1次化した議論であるが，局所的に成立して，

［定理］ $f(a,b)=0, f'_y(a,b)\neq 0$ のとき，$x=a$ の近傍で，

$$y=y(x)$$

と，とくことができて，

$$y'(a)=-\frac{f'_x(a,b)}{f'_y(a,b)}$$

となる．

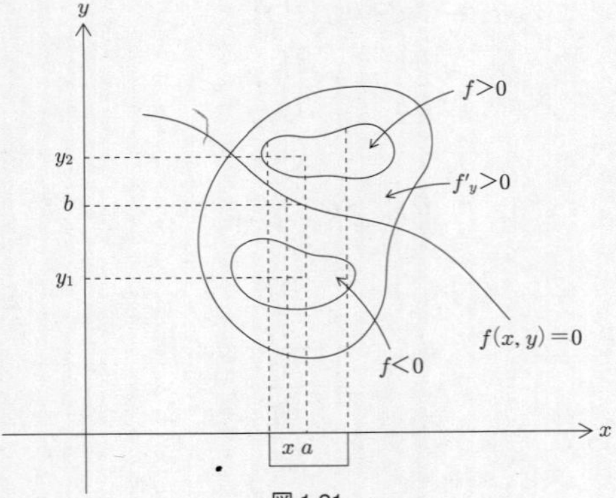

図 1.21

［証明］　たとえば $f'_y(a,b)>0$ とする．

(a,b) の近傍で，$f'_y(x,y)>0$ すなわち x を固定したとき y に関して増加関数になる．

ところで，$f(a,b)=0$ だから，$f(a,y_1)<0, f(a,y_2)>0$ となる点がある．そして，その近傍では，それぞれ，$f(x,y)<0, f(x,y)>0$ となる．したがって，この範囲の x にたいしては，$f(x,y)=0$ となる y がただ1つ定まる．〈証明おわり〉

このことは，x が多変数 $\boldsymbol{x}$ であってもよい．それは，

$$a_1x_1+a_2x_2+\cdots+a_nx_n+by=0$$

が $b\neq 0$ のとき，

$$y=-\frac{a_1}{b}x_1-\frac{a_2}{b}x_2-\cdots-\frac{a_n}{b}x_n$$

になること，ベクトル記号で書けば

$$[a_1 \quad \cdots \quad a_n]\begin{bmatrix} x_1 \\ \vdots \\ x_n \end{bmatrix} + by = 0$$

が，$b \neq 0$ なら，

$$y = -b^{-1}[a_1 \quad \cdots \quad a_n]\begin{bmatrix} x_1 \\ \vdots \\ x_n \end{bmatrix}$$

を一般化すればよい．

$$f(x_1, \cdots, x_n, y) = 0$$

があるとき，微分すれば，

$$\frac{\partial f}{\partial x_1}dx_1 + \cdots + \frac{\partial f}{\partial x_n}dx_n + \frac{\partial f}{\partial y}dy = 0$$

となるからである．ベクトル記号を用いて，

$$\frac{\partial f}{\partial \boldsymbol{x}} = \left[\frac{\partial f}{\partial x_1} \quad \frac{\partial f}{\partial x_2} \quad \cdots \quad \frac{\partial f}{\partial x_n}\right]$$

と書くと，

$$f(\boldsymbol{x}, y) = 0$$

を微分して，

$$\frac{\partial f}{\partial \boldsymbol{x}}d\boldsymbol{x} + \frac{\partial f}{\partial y}dy = 0$$

となる．ここで，

$$\frac{\partial f}{\partial y} \neq 0$$

ならば，$y = y(\boldsymbol{x})$ と局所的にとくことができて，

$$\frac{dy}{d\boldsymbol{x}} = -\left(\frac{\partial f}{\partial y}\right)^{-1} \frac{\partial y}{\partial \boldsymbol{x}}$$

となる．局所的に $y(\boldsymbol{x})$ を作るところの証明も同じである．

つぎに連立の場合を考えよう．1 次については，

$$a_1 x + b_{11} y_1 + b_{12} y_2 = 0,$$
$$a_2 x + b_{21} y_1 + b_{22} y_2 = 0,$$

すなわち，

$$\begin{bmatrix} a_1 \\ a_2 \end{bmatrix} x + \begin{bmatrix} b_{11} & b_{12} \\ b_{21} & b_{22} \end{bmatrix} \begin{bmatrix} y_1 \\ y_2 \end{bmatrix} = \mathbf{0}$$

になる．これは，

$$\boldsymbol{a} = \begin{bmatrix} a_1 \\ a_2 \end{bmatrix}, \qquad \boldsymbol{B} = \begin{bmatrix} b_{11} & b_{12} \\ b_{21} & b_{22} \end{bmatrix}, \qquad \boldsymbol{y} = \begin{bmatrix} y_1 \\ y_2 \end{bmatrix}$$

とすれば，

$$\boldsymbol{a} x + \boldsymbol{B} \boldsymbol{y} = \mathbf{0}$$

である．これは，$\boldsymbol{B}$ の逆行列 $\boldsymbol{B}^{-1}$ が存在すれば（すなわち，$\boldsymbol{B}$ が正則行列ならば），

$$\boldsymbol{y} = -\boldsymbol{B}^{-1} \boldsymbol{a} x$$

ととけるわけである．

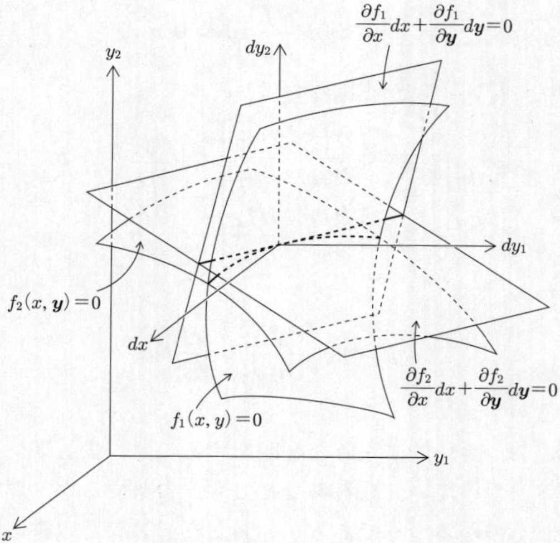

図 1.22

一般の場合は,

$$f_1(x, y_1, y_2) = 0,$$
$$f_2(x, y_1, y_2) = 0$$

について，微分して,

$$\begin{bmatrix} \dfrac{\partial f_1}{\partial x} \\ \dfrac{\partial f_2}{\partial x} \end{bmatrix} dx + \begin{bmatrix} \dfrac{\partial f_1}{\partial y_1} & \dfrac{\partial f_1}{\partial y_2} \\ \dfrac{\partial f_2}{\partial y_1} & \dfrac{\partial f_2}{\partial y_2} \end{bmatrix} \begin{bmatrix} dy_1 \\ dy_2 \end{bmatrix} = \mathbf{0}.$$

まとめて書けば,

$$\frac{\partial \boldsymbol{f}}{\partial x}dx+\frac{\partial \boldsymbol{f}}{\partial \boldsymbol{y}}d\boldsymbol{y}=\boldsymbol{0}$$

となり，行列 $\dfrac{\partial \boldsymbol{f}}{\partial \boldsymbol{y}}$ が正則ならば，

$$\begin{bmatrix} dy_1 \\ dy_2 \end{bmatrix} = -\begin{bmatrix} \dfrac{\partial f_1}{\partial y_1} & \dfrac{\partial f_1}{\partial y_2} \\ \dfrac{\partial f_2}{\partial y_1} & \dfrac{\partial f_2}{\partial y_2} \end{bmatrix}^{-1} \begin{bmatrix} \dfrac{\partial f_1}{\partial x} \\ \dfrac{\partial f_2}{\partial x} \end{bmatrix} dx,$$

すなわち，

$$d\boldsymbol{y}=-\left(\frac{\partial \boldsymbol{f}}{\partial \boldsymbol{y}}\right)^{-1}\frac{\partial \boldsymbol{f}}{\partial x}dx$$

となる．

ただし，論理的に正確な証明をするのは，少しメンドーである．たいてい，教科書などでも，省略するか，ゴマカシておくのがふつうである．いちおう，スジだけ書いておく．$\dfrac{\partial \boldsymbol{f}}{\partial \boldsymbol{y}}$ が正則だから，

$$\begin{vmatrix} \dfrac{\partial f_1}{\partial y_1} & \dfrac{\partial f_1}{\partial y_2} \\ \dfrac{\partial f_2}{\partial y_1} & \dfrac{\partial f_2}{\partial y_2} \end{vmatrix} \neq 0$$

であり，ここで $\partial f_i/\partial y_j$ がすべて0であってはいけないから，たとえば，

$$\frac{\partial f_1}{\partial y_1}\neq 0$$

とする．このとき，

$$y_1 = \widetilde{y}_1(x, y_2), \qquad \frac{\partial \widetilde{y}_1}{\partial y_2} = -\left(\frac{\partial f_1}{\partial y_1}\right)^{-1} \frac{\partial f_1}{\partial y_2}$$

と局所的にとくことができる．これを代入して，

$$f_2(x, \widetilde{y}_1(x, y_2), y_2) = 0$$

となり，

$$\frac{\partial}{\partial y_2} f_2(x, \widetilde{y}_1(x, y_2), y_2) = \frac{\partial f_2}{\partial y_1}\frac{\partial \widetilde{y}_1}{\partial y_2} + \frac{\partial y_2}{\partial y_2}$$

$$= -\frac{\begin{vmatrix} \dfrac{\partial f_1}{\partial y_1} & \dfrac{\partial f_1}{\partial y_2} \\ \dfrac{\partial f_2}{\partial y_1} & \dfrac{\partial f_2}{\partial y_2} \end{vmatrix}}{\dfrac{\partial f_1}{\partial y_1}}$$

となって，これから，

$$y_2 = y_2(x), \qquad y_1 = \widetilde{y}_1(x, y_2(x))$$

が求められることになる．

ヤヤコシイことをしたようだが，これは連立1次方程式，

$$\frac{\partial f_1}{\partial x}dx + \frac{\partial f_1}{\partial y_1}dy_1 + \frac{\partial f_1}{\partial y_2}dy_2 = 0,$$

$$\frac{\partial f_2}{\partial x}dx + \frac{\partial f_2}{\partial y_1}dy_1 + \frac{\partial f_2}{\partial y_2}dy_2 = 0$$

を代入法でとくことを，微分する前の関数と対照させながらやっているのである．

この議論は，もっと変数が多くても同じである．それは，上の証明（代入法）で帰納法を用いればよい．

これは，1 次の場合，

$$
\begin{aligned}
&a_{11}x_1+\cdots+a_{1n}x_n+b_{11}y_1+\cdots+b_{1m}y_m=0\\
&\quad\vdots\\
&a_{m1}x_1+\cdots+a_{mn}x_n+b_{m1}y_1+\cdots+b_{mm}y_m=0
\end{aligned}
$$

すなわち，

$$\boldsymbol{A}\boldsymbol{x}+\boldsymbol{B}\boldsymbol{y}=\boldsymbol{0}$$

が，$\boldsymbol{B}$ が正則のとき

$$\boldsymbol{y}=-\boldsymbol{B}^{-1}\boldsymbol{A}\boldsymbol{x}$$

となることの一般化になる．

すなわち，

$$
\begin{aligned}
&f_1(x_1,\cdots,x_n,y_1,\cdots,y_m)=0\\
&\quad\vdots\\
&f_m(x_1,\cdots,x_n,y_1,\cdots,y_m)=0
\end{aligned}
$$

を微分した，

$$
\begin{aligned}
&\frac{\partial f_1}{\partial x_1}dx_1+\cdots+\frac{\partial f_1}{\partial x_n}dx_n+\frac{\partial f_1}{\partial y_1}dy_1+\cdots+\frac{\partial f_1}{\partial y_m}dy_m=0\\
&\quad\vdots\\
&\frac{\partial f_m}{\partial x_1}dx_1+\cdots+\frac{\partial f_m}{\partial x_n}dx_n+\frac{\partial f_m}{\partial y_1}dy_1+\cdots+\frac{\partial f_m}{\partial y_m}dy_m=0
\end{aligned}
$$

についての議論ができる．まとめると，

［定理］ $\boldsymbol{f}(\boldsymbol{x},\boldsymbol{y})=\boldsymbol{0}$ で，$\dfrac{\partial \boldsymbol{f}}{\partial \boldsymbol{y}}$ が正則である点の近傍では

$$\boldsymbol{y}=\boldsymbol{y}(\boldsymbol{x})$$

と局所的にとくことができて，

$$\frac{d\boldsymbol{y}}{d\boldsymbol{x}} = -\left(\frac{\partial \boldsymbol{f}}{\partial \boldsymbol{y}}\right)^{-1} \frac{\partial \boldsymbol{f}}{\partial \boldsymbol{x}}$$

となる（行列算の意味で）．

結局，陰関数の議論というのは，微分をすれば，1次方程式の議論であり，それは行列算を用いることによって，変数の数にこだわらずに定式化できるのである．

微分をしないで考えると，

$$\frac{\partial y}{\partial x} = \frac{\dfrac{\partial f}{\partial x}}{\dfrac{\partial f}{\partial y}}$$

のようなまちがいをよくする．この分子は y 一定，分母は x 一定であり，それぞれ別の条件での変化率であり，∂f を約するようなことはできない．∂ のシッポは，条件に気をつけろ，というシルシだと思えばよい．

もっとマギラワシイのは，

$$f(x, y, z) = 0$$

から，

$$x = x(y, z), \qquad y = y(z, x), \qquad z = z(x, y)$$

を作ったときで，たとえば

$$\frac{\partial y}{\partial z}\frac{\partial z}{\partial x}\frac{\partial x}{\partial y} = \left(-\frac{f'_z}{f'_y}\right)\left(-\frac{f'_x}{f'_z}\right)\left(-\frac{f'_y}{f'_x}\right) = -1$$

となる．古典熱力学などでは，このようなことがよくあるので，

$$\left(\frac{\partial y}{\partial z}\right)_x$$

のように，固定する変数を書いて注意することもある．あぶなくなれば微分にもどる，という原則を立てておけば，だいたいはだいじょうぶなようである．

6. 勾配ベクトル場

今まで，2変数の関数を図示するのに，$\boldsymbol{x}$ を座標とする平面上の各位置（位置ベクトル）に，その関数の値を立てることによって，グラフ表示をしてきた．しかし，これは不便な点もある．人間の住む空間は3次元だが，3次元の位置には，もうこれ以上値を考えようと思うときには，べつの4次元めの座標を考えねばならないことになる．この変域 $\boldsymbol{x}$ の空間そのものの上で表わす方法は，地図を書けばよい．すなわち，

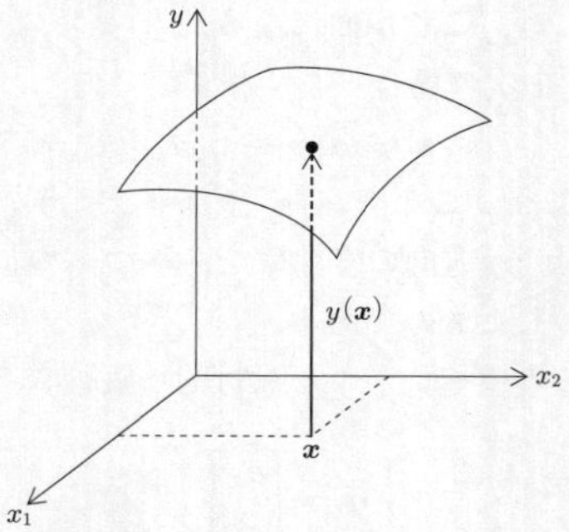

図 1.23

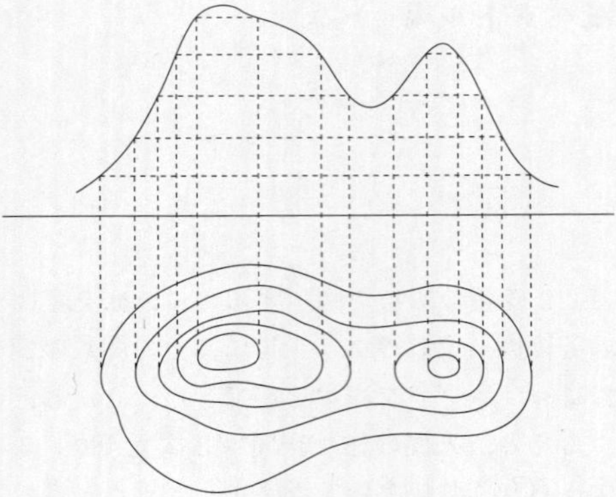

図 1.24

$$y(\boldsymbol{x}) = k$$

という，等高線の図を書いていくのである（図 1.24）．3 次元の場合には，これが面になる．

ふたたび，1 次の場合

$$y = a_1 x_1 + a_2 x_2$$

を考えてみよう．ここで，$[a_1 \quad a_2]$ というのは，それぞれ，x_1 方向と x_2 方向の変化率を，べつべつに考えて，組みにして表わしたものである．

そこで，この横ベクトルと双対的な縦ベクトル

$$\boldsymbol{a} = \begin{bmatrix} a_1 \\ a_2 \end{bmatrix}$$

を考えよう．このことは，$\boldsymbol{a}$ を $\boldsymbol{x}$ の空間の中に表わしてみようということになる．

このとき，内積

$$\boldsymbol{a}\cdot\boldsymbol{x}=a_1x_1+a_2x_2$$

という，2つのベクトル $\boldsymbol{a}$ と $\boldsymbol{x}$ とで決まるスカラー量が考えられる．

内積の議論を，ここで要約しておこう．

i）　これから大きさの概念がえられる．すなわち

$$\boldsymbol{a}\cdot\boldsymbol{a}=a_1{}^2+a_2{}^2$$

を考えると（ふつう $\boldsymbol{a}^2$ と書く），それは正 ($\boldsymbol{a}^2\geqq 0$) で

$$|\boldsymbol{a}|=\sqrt{\boldsymbol{a}^2}$$

によって，$\boldsymbol{a}$ の大きさを表わす量（ノルム）がえられる．

ii）　直交の条件は

$$\boldsymbol{a}\cdot\boldsymbol{b}=0$$

であたえられる．

iii）　ノルム1のベクトルは，方向を表わす（方向ベクトル）．そして，2つの方向ベクトル $\boldsymbol{e}_1$ と $\boldsymbol{e}_2$ があるとき

$$\cos\widehat{\boldsymbol{e}_1\boldsymbol{e}_2}=\boldsymbol{e}_1\cdot\boldsymbol{e}_2$$

で，この2つの方向の間の開きぐあいが考えられる．

iv）　方向ベクトル $\boldsymbol{e}$ にたいして，$\boldsymbol{a}\cdot\boldsymbol{e}$ は $\boldsymbol{a}$ の $\boldsymbol{e}$ 方向への正射影を意味する．

これらのことを用いて，1次関数

$$y=\boldsymbol{a}\cdot\boldsymbol{x}$$

をしらべてみよう．このグラフは平面であるので，等高線

$$\boldsymbol{a}\cdot\boldsymbol{x}=k$$

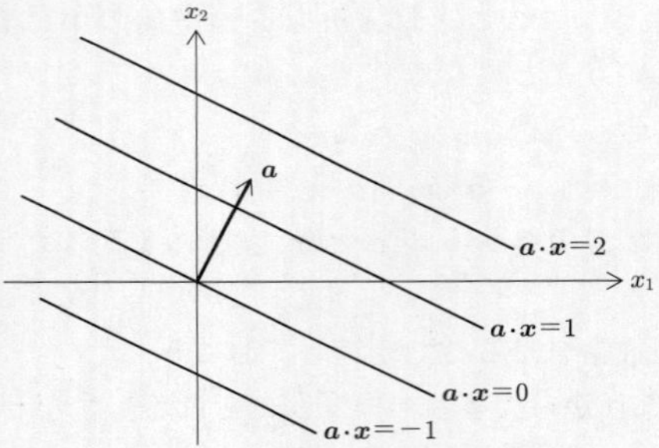

図 1.25

は，平行線になる（k に整数値を入れると，等間隔になる）（図 1.25）．ここで，原点を通る

$$\boldsymbol{a}\cdot\boldsymbol{x}=0$$

上の点 $\boldsymbol{x}$ は $\boldsymbol{a}$ と直交する．

いま，$\boldsymbol{e}$ の方向への変化を考えるために

$$x_1 = e_1 t,$$
$$x_2 = e_2 t,$$

すなわち

$$\boldsymbol{x} = \boldsymbol{e}t$$

を考えると

$$y = (\boldsymbol{a}\cdot\boldsymbol{e})\,t$$

となって，$\boldsymbol{a}\cdot\boldsymbol{e}$ が変化率になる．とくに，これが最大となるのは

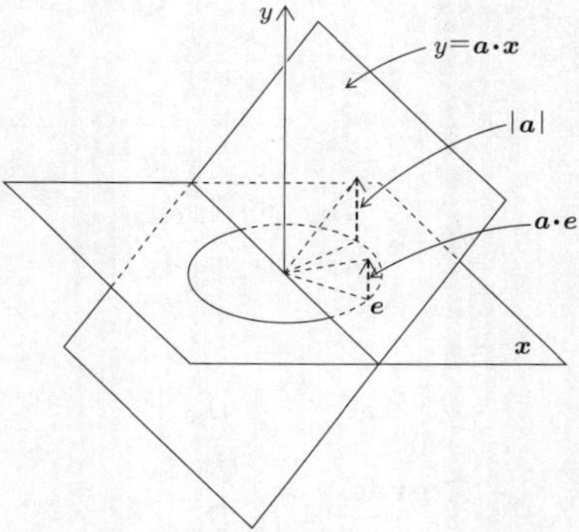

図 1.26

$$\boldsymbol{e} = \frac{\boldsymbol{a}}{|\boldsymbol{a}|}$$

のとき，最小になるのは

$$\boldsymbol{e} = -\frac{\boldsymbol{a}}{|\boldsymbol{a}|}$$

で，その変化率は，それぞれ $|\boldsymbol{a}|$ および $-|\boldsymbol{a}|$ になる．

結局まとめると，$\boldsymbol{a}$ というのは，等高線に垂直で，変化率が最大になる方向を向いたベクトルであり，そのノルムはその方向への変化率を表わしている．そして，任意方向 $\boldsymbol{e}$ への変化率はというと，$\boldsymbol{a}$ の $\boldsymbol{e}$ への射影 $\boldsymbol{a}\cdot\boldsymbol{e}$ を考えることによってわかる．このように，ベクトル $\boldsymbol{a}$ によって，任意方向への変化率がわかるので，この $\boldsymbol{a}$ を y の勾配ベクトル（gradient vector）という．

つぎに，一般の場合

$$y=y(x_1,x_2)$$

にうつろう．これを微分すると

$$dy=\begin{bmatrix}\dfrac{\partial y}{\partial x_1}\dfrac{\partial y}{\partial x_2}\end{bmatrix}\begin{bmatrix}dx_1\\dx_2\end{bmatrix}$$

となる．このとき

$$\mathbf{grad}\,y=\begin{bmatrix}\dfrac{\partial y}{\partial x_1}\\[2mm]\dfrac{\partial y}{\partial x_2}\end{bmatrix}$$

というベクトルを考える．すなわち

$$dy=(\mathbf{grad}\,y)\cdot d\boldsymbol{x}$$

となる．これを一般に y の勾配ベクトルという．

これと，等高線

$$y\,(x_1,x_2)=k$$

とをくらべると，微分は

$$\frac{\partial y}{\partial x_1}dx_1+\frac{\partial y}{\partial x_2}dx_2=0$$

で，これは1次化，すなわち等高線の接線を意味している．すなわち，等高線上の1点で，その点における勾配ベクトルを考えると，それは等高線（の接線）に垂直である．

方向 $\boldsymbol{e}$ にたいして

$$\boldsymbol{x}=\boldsymbol{e}t$$

を考えると

$$\frac{d}{dt}y\,(\boldsymbol{e}t) = (\mathbf{grad}\,y)\cdot\boldsymbol{e}$$

である．これを，y'_{e} または $\left(\dfrac{dy}{d\boldsymbol{x}}\right)_{\mathrm{e}}$ で表わし，$\boldsymbol{e}$ 方向への偏微係数という．

$\boldsymbol{x}$ の座標単位を $\mathbf{e}_1, \mathbf{e}_2$ とすると

$$\boldsymbol{x} = \mathbf{e}_1 x_1 + \mathbf{e}_2 x_2$$

であり，$y'_{\mathrm{e}_1}, y'_{\mathrm{e}_2}$ はそれぞれ y'_{x_1}, y'_{x_2} を意味する．このように，$\mathbf{grad}\,y$ を考えることによって，任意方向への変化率が考えられる．

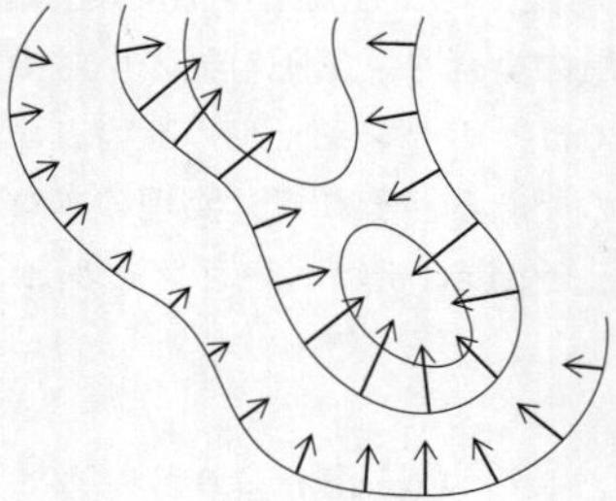

図 1.27

そして，結局，$\mathbf{grad}\,y$ は，等高線に垂直な方向で，y の値の増加の変化率を大きさにするベクトルということになる．このようなベクトルが，各点 $\boldsymbol{x}$ に付随しているわけで

$$\boldsymbol{x} \longmapsto \mathbf{grad}\, y$$

という関数と思える．このように，各点$\boldsymbol{x}$にベクトルを対応させた（$\boldsymbol{x}$に付随するという考えをする）関数のことを，一般にベクトル場という．これにたいして，ふつうの関数は，各点$\boldsymbol{x}$に数（スカラー）が対応しているのだから，スカラー場という．

勾配ベクトル場$\mathbf{grad}\, y$は，スカラー場yから作られたものであり，このとき，yを$\mathbf{grad}\, y$のスカラー・ポテンシャルという．

yが山の高さを表わすものとすると，雨がふったとき，水は$\mathbf{grad}\, y$の逆に，その勾配の大きさによって流れる．等温線と温度勾配，等気圧線と気圧勾配なども考えられる．天気図の風の場合も，気圧勾配の反対であるが，それは，自然現象では，ポテンシャルの高い方から低い方に進む現象が多いのである．それで，物理の本などで，この本と反対に，$-y$を$\mathbf{grad}\, y$のポテンシャルとしてあるのもある．

ここで，とくに

$$\mathbf{grad}\, y = \mathbf{0}$$

となる点は，その1次化が定数であること，すなわちこの関数yが定常であることを示している．

1変数のとき，$y'(\boldsymbol{x}) = \mathbf{0}$が定常の条件であり，それは極大や極小の候補であった．多変数のときも，この事情はまったく同じになるわけである．

7. 変数変換

$\boldsymbol{x}$ と $\boldsymbol{y}$ が同じ次元のベクトルで

$$\boldsymbol{x} \longmapsto \boldsymbol{y} = \boldsymbol{y}(\boldsymbol{x})$$

を考えよう．たとえば，2変数でならば

$$y_1 = y_1(x_1, x_2),$$
$$y_2 = y_2(x_1, x_2)$$

である．これは

$$\boldsymbol{y} - \boldsymbol{y}(\boldsymbol{x}) = \boldsymbol{0}$$

という，陰関数の特別の場合とも考えることができる．

これは

$$y_1 = a_{11}x_1 + a_{12}x_2,$$
$$y_2 = a_{21}x_1 + a_{22}x_2,$$

すなわち，$\boldsymbol{y} = \boldsymbol{A}\boldsymbol{x}$ が，$\boldsymbol{y} - \boldsymbol{A}\boldsymbol{x} = \boldsymbol{0}$ とも考えられるのと同じである．そこで，陰関数の定理が適用できる．

微分して

$$d\boldsymbol{y} = \frac{d\boldsymbol{y}}{d\boldsymbol{x}} d\boldsymbol{x}$$

だから，$d\boldsymbol{y}/d\boldsymbol{x}$ が正則ならば，逆関数

$$\boldsymbol{y} \longmapsto \boldsymbol{x} = \boldsymbol{x}(\boldsymbol{y})$$

が考えられて，

$$\frac{d\boldsymbol{x}}{d\boldsymbol{y}} = \left(\frac{d\boldsymbol{y}}{d\boldsymbol{x}}\right)^{-1}$$

となる．

ただし，これは，陰関数の定理のときそうであったように，局所的に逆関数が考えられるのであって，全体での逆関数ではない．例を考えてみよう．

［例］ $y_1 = x_1 + x_2,$

$y_2 = x_1 x_2.$

このとき，

$$dy_1 = dx_1 + dx_2,$$

$$dy_2 = x_2 dx_1 + x_1 dx_2$$

であるから，これを dx_1 と dx_2 についてとくと，

$$dx_1 = \frac{x_1}{x_1 - x_2} dy_1 + \frac{-1}{x_1 - x_2} dy_2,$$

$$dx_2 = \frac{-x_2}{x_1 - x_2} dy_1 + \frac{1}{x_1 - x_2} dy_2$$

となる．すなわち，$x_1 \neq x_2$ であるかぎり，これは局所的に逆関数が考えられて，

$$\frac{d\boldsymbol{x}}{d\boldsymbol{y}} = \begin{bmatrix} \dfrac{x_1}{x_1 - x_2} & \dfrac{-1}{x_1 - x_2} \\ \dfrac{-x_2}{x_1 - x_2} & \dfrac{1}{x_1 - x_2} \end{bmatrix}$$

となるのである．

ところで，この x_1 と x_2 とは，2 次方程式

$$x^2 - y_1 x + y_2 = 0$$

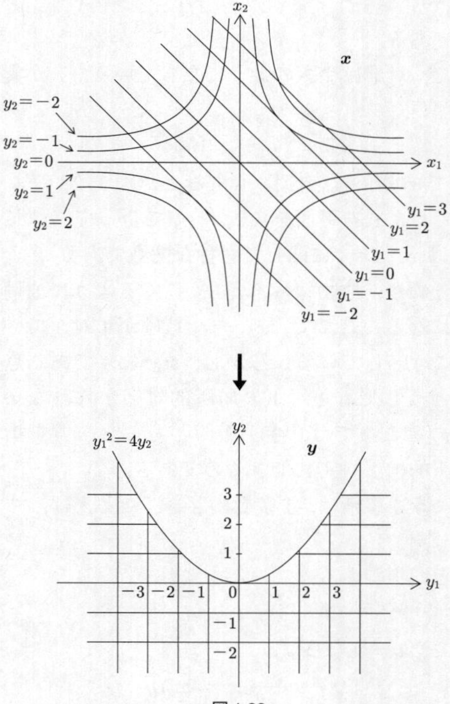
x_2
$\boldsymbol{x}$
$y_2=-2$
$y_2=-1$
$y_2=0$
x_1
$y_2=1$
$y_2=2$
$y_1=3$
$y_1=2$
$y_1=1$
$y_1=0$
$y_1=-1$
$y_1=-2$
y_2
${y_1}^2=4y_2$
$\boldsymbol{y}$
3
2
1
y_1
−3　−2　−1　0　1　2　3
−1
−2

図 1.28

の2根であって，

$$x=\frac{y_1\pm\sqrt{{y_1}^2-4y_2}}{2}$$

のはずである．

ここで，対応はつぎのようになっている．x が実数であるのは，

$${y_1}^2\geqq 4y_2$$

の範囲であり，対応を図示すると，図1.28のようになる．いわば，x の平面を，$x_1=x_2$ で折って（はじめの式から $\boldsymbol{y}$ は x_1 と x_2 に関して対称な関数である），その半平面の折りめが，放物線 ${y_1}^2=4y_2$ にくるように曲げて重ねたことになる．ここで，$x_1=x_2$ だけが1対1で，あとは2対1に対応している．しかし，$x_1=x_2$ である点の近傍では，どうしても1対1の局所的対応が作れないが，それ以外のところでは，半平面のどちらか一方を指定すれば，局所的に1対1にできるのである．

このような事情は，1変数のとき，たとえば，

$$x\longmapsto y=x^2$$

のときと同様である．このとき，

$$dy=2xdx$$

であって，$x\neq 0$ ならば，

$$y\longmapsto x=\pm\sqrt{y}$$

のいずれか一方を，局所的に考えることができる．しかし，$x=0$ の点の近傍では，そのようなことは不可能である（図1.29）．

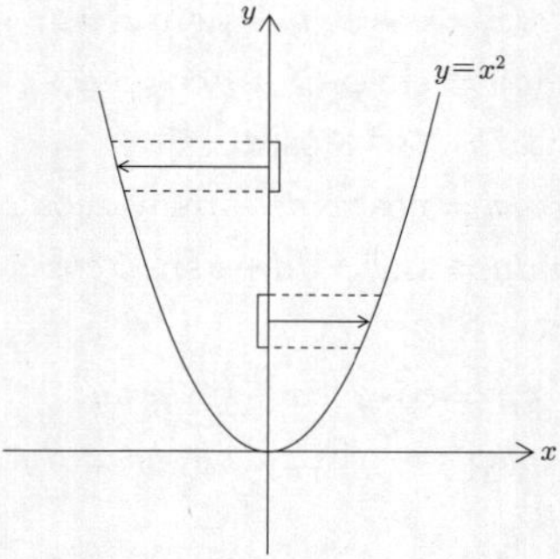

図 1.29

このように，全体としての対応は，対応の重複度（何重に重なっているか）を，しらべねばならない．ただ，局所的に，$\boldsymbol{y}(\boldsymbol{a})=\boldsymbol{b}$ が指定されたとき，その指定された $\boldsymbol{a}$ の分岐について，局所的に逆関数が考えられるのであり，そのように局所的に定義された逆関数を，うまくつなぐことができるかどうかは，べつの問題である．

じっさいに，$d\boldsymbol{x}/d\boldsymbol{y}$ を計算する必要は，よくあるが，このときは，ふつうに連立1次方程式をとくのが常道である．

例として，極座標への変換を考えてみよう．

$$x = \rho\cos\varphi,$$
$$y = \rho\sin\varphi$$

を微分したのは，

$$dx = \cos\varphi\ d\rho - \rho\sin\varphi\ d\varphi,$$
$$dy = \sin\varphi\ d\rho + \rho\cos\varphi\ d\varphi$$

となる．これは，ふつうに加減法で，

$$\cos\varphi\ dx = \cos^2\varphi\ d\rho - \rho\sin\varphi\cos\varphi\ d\varphi,$$
$$\sin\varphi\ dy = \sin^2\varphi\ d\rho + \rho\sin\varphi\cos\varphi\ d\varphi$$

などとして，

$$d\rho = \cos\varphi\ dx + \sin\varphi\ dy,$$
$$\rho d\varphi = -\sin\varphi\ dx + \cos\varphi\ dy$$

となる．ここで，

$$\frac{\partial x}{\partial \rho} = \cos\varphi, \qquad \frac{\partial x}{\partial \varphi} = -\rho\sin\varphi$$

などにたいし

$$\frac{\partial \rho}{\partial x} = \cos\varphi, \qquad \frac{\partial \varphi}{\partial x} = -\frac{\sin\varphi}{\rho}$$

である．$\partial x/\partial\rho$ の方は $d\varphi=0$ という条件，$\partial\rho/\partial x$ の方は $dy=0$ という条件での変化率で，

$$\frac{\partial x}{\partial \rho} = \left(\frac{\partial \rho}{\partial x}\right)^{-1}$$

ではないのである．ここでも，シッポに気をつけろ，微分して考えろ，というスローガンを思い起こす必要があろう．

[練習問題]　次の変換の対応をしらべ，逆変換の微分を求めよ．

1)
$$x = u^2 - v^2,$$
$$y = 2uv.$$

2)
$$x = e^u \cos v,$$
$$y = e^u \sin v.$$

8. 2階微分

1変数のときに，2階微分がどのように使われたかを考えてみよう．

まず，2次関数の場合から考えていく．2次関数

$$x \longmapsto y = a + 2bx + cx^2$$

があるとき，

$$x = x_0 + X$$

とすると，

$$y = (a + 2bx_0 + c{x_0}^2) + 2(b + cx_0)X + cX^2$$

となる．ここで，

$$X \longmapsto 2(b + cx_0)X$$

が微分であるが，さらに，

$$X \longmapsto cX^2$$

の項が残っている．1次の近似を考えたときは，この項は2次の誤差項になるわけである．

y の極値を考えたいときには

$$b + cx_0 = 0$$

となる x_0 をとって，

$$a + 2bx_0 + c{x_0}^2 = a + bx_0$$

$$= \frac{ac-b^2}{c}$$

となり，

$$y = \frac{ac-b^2}{c} + cX^2$$

となる．これが，いわゆる2次式の平方完成である．ここで，

$$x_0 = -c^{-1}b$$

からの変化は，

$$X \longmapsto cX^2$$

であり，cの正負によって常に正および負となる．したがって，

$$c > 0 \quad \text{ならば，極小，}$$
$$c < 0 \quad \text{ならば，極大}$$

となる（図1.30，図1.31）．

つぎに一般の関数

$$x \longmapsto y = y(x)$$

で，

$$y(x) = y(x_0) + y'(x_0)(x-x_0) + c(x-x_0)^2 + \varepsilon(x),$$

$$\lim_{x \to x_0} \frac{\varepsilon(x)}{(x-x_0)^2} = 0$$

とできるものを考えよう．このとき，

$$\frac{y(x) - \{y(x_0) + y'(x_0)(x-x_0)\}}{(x-x_0)^2} = c + \frac{\varepsilon(x)}{(x-x_0)^2}$$

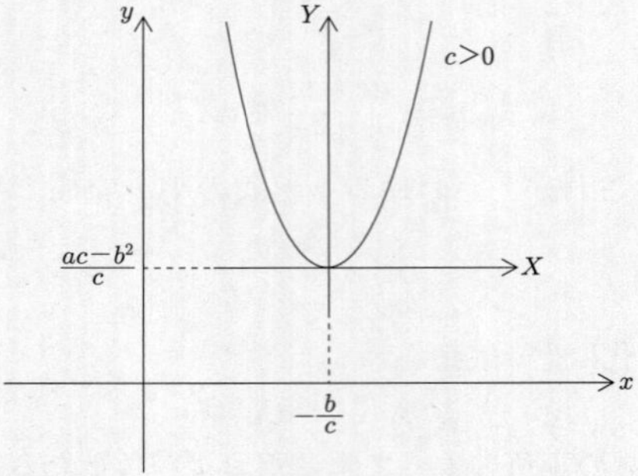

図 1.30

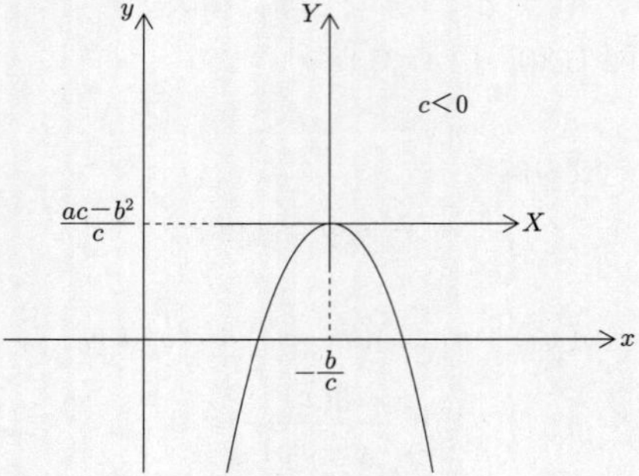

図 1.31

であるから,

$$c=\lim_{x\to x_0}\frac{y(x)-y(x_0)-y'(x_0)(x-x_0)}{(x-x_0)^2}$$

となる．ところで，ロピタルの定理で，分母・分子を微分して,

$$\lim_{x\to x_0}\frac{y(x)-y(x_0)-y'(x_0)(x-x_0)}{(x-x_0)^2}$$
$$=\lim_{x\to x_0}\frac{y'(x)-y'(x_0)}{2(x-x_0)}$$

となる．すなわち，$y'(x)$ の導関数を $y''(x)$ として,

$$c=\frac{1}{2}y''(x_0)$$

となり,

$$y(x)=y(x_0)+y'(x_0)(x-x_0)$$
$$+\frac{1}{2}y''(x_0)(x-x_0)^2+\varepsilon(x),$$

$$\lim_{x\to x_0}\frac{\varepsilon(x)}{(x-x_0)^2}=0$$

となる．ここで，近似の第 2 項として,

$$X\longmapsto\frac{1}{2}y''(x_0)X^2$$

という 2 次の項が出てくる．そこで,

$$X\longmapsto y''(x_0)X^2$$

という 2 次関数が，x_0 ごとに考えられることになる．この関数を，2 階微分といい,

ロピタルの定理

$$\begin{bmatrix} x(t_0) \\ y(t_0) \end{bmatrix} = \begin{bmatrix} 0 \\ 0 \end{bmatrix},$$

かつ，$\dfrac{x'(t_0)}{y'(t_0)}$ が存在するとき

$$\lim_{t-t_0} \frac{x(t)}{y(t)} = \frac{x'(t_0)}{y'(t_0)}$$

となる．（それは，

$$\begin{bmatrix} x \\ y \end{bmatrix} = \begin{bmatrix} x(t) \\ y(t) \end{bmatrix}$$

を微分すれば，

$$\begin{bmatrix} dx \\ dy \end{bmatrix} = \begin{bmatrix} x'(t) \\ y'(t) \end{bmatrix} dt$$

で，この $t=t_0$ における微係数を考えればよい）．

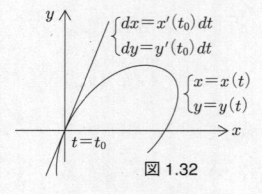

図 1.32

$$dx \longmapsto d^2y = y''(x)dx^2$$

で表わす，$y''(x)$ のことを，$\dfrac{d^2y}{dx^2}$ と書くこともある．

このときは，1 階の微分のときとちがって，dx の関数として考えたときしか意味がなく，d^2y という量を変数 dx を離れて考えることはできない．

いま，

$$x \longmapsto y = y(x), \qquad y \longmapsto z = z(y)$$

があるとき，$x \longmapsto z$ の 2 階微分は，

$$dx \longmapsto d^2z = \frac{d^2z}{dx^2}dx^2$$

であるが，

$$\begin{aligned}\frac{d^2z}{dx^2} &= \frac{d}{dx}\left(\frac{dz}{dx}\right)\\ &= \frac{d}{dx}\left(\frac{dz}{dy}\frac{dy}{dx}\right)\\ &= \frac{d}{dx}\left(\frac{dz}{dy}\right)\frac{dy}{dx} + \frac{dz}{dy}\frac{d}{dx}\left(\frac{dy}{dx}\right)\\ &= \frac{d^2z}{dy^2}\left(\frac{dy}{dx}\right)^2 + \frac{dz}{dy}\frac{d^2y}{dx^2}\end{aligned}$$

となるので，

$$\frac{d^2z}{dx^2}dx^2 \neq \frac{d^2z}{dy^2}\left(\frac{dy}{dx}dx\right)^2$$

となる．これは，

$$z = a_1y + b_1y^2, \qquad y = a_2x + b_2x^2$$

のとき，

$$z = a_1a_2x + (a_1b_2 + b_1{a_2}^2)x^2 + \cdots$$

となって，

$$a_1a_2x = a_1(a_2x), \qquad b_1{a_2}^2x^2 = b_1(a_2x)^2$$

の項のほかに，2次の項に $a_1b_2x^2$ が現われるのに対応している．

2階の微分を考えるときには，この点をとくに注意しなければならない．そして，2階の微分演算の変数変換の計算は，しばしば必要であり，それを誤りなく計算できるように練習しておくことは，微分計算でもっとも必要なことである．次の節で，多変数関数の場合に，いくつかの典型的な微分計算の練習をすることにする．

2階の微分まで考えると，2次の近似を考えることになり，$y''(x_0) \neq 0$ のときは，誤差項 $\varepsilon(x)$ は，

$$\lim_{x \to x_0} \frac{\varepsilon(x)}{(x-x_0)^2} = 0$$

であるため，x_0 の十分近くでは，$\dfrac{1}{2}y''(x_0)(x-x_0)^2$ の正負に影響をあたえるほど大きくならない．すなわち，$y''(x_0) > 0$ (<0) ならば，x_0 の近傍で，

$$\frac{1}{2}y''(x_0)(x-x_0)^2 + \varepsilon(x) \geqq 0 \quad (\leqq 0)$$

となる．そこで，$y'(x_0) = 0$ のとき，

$$y''(x_0) > 0 \quad ならば極小,$$
$$y''(x_0) < 0 \quad ならば極大$$

となる．

この議論を，多変数関数の場合に考えよう．この場合も2次関数

$$x \longmapsto y = a + 2\sum_i b_i x_i + \sum_{i,j} c_{ij} x_i x_j, \qquad c_{ij} = c_{ji}$$

から始める．たとえば2変数ならば，

$$\begin{aligned} y &= a + 2(b_1 x_1 + b_2 x_2) + (c_{11} {x_1}^2 + 2c_{12} x_1 x_2 + c_{22} {x_2}^2) \\ &= a + 2(b_1 x_1 + b_2 x_2) + (c_{11} x_1 + c_{12} x_2) x_1 \\ &\qquad + (c_{21} x_1 + c_{22} x_2) x_2, \end{aligned}$$

すなわち，行列の記法では，

$$y = a + 2[b_1 \quad b_2]\begin{bmatrix} x_1 \\ x_2 \end{bmatrix} + [x_1 \quad x_2]\begin{bmatrix} c_{11} & c_{12} \\ c_{21} & c_{22} \end{bmatrix}\begin{bmatrix} x_1 \\ x_2 \end{bmatrix}$$

となる．

$$\boldsymbol{b} = \begin{bmatrix} b_1 \\ b_2 \end{bmatrix}, \qquad \boldsymbol{C} = \begin{bmatrix} c_{11} & c_{12} \\ c_{21} & c_{22} \end{bmatrix}$$

とすると，内積の記号を用いて

$$y = a + 2\boldsymbol{b} \cdot \boldsymbol{x} + (\boldsymbol{C}\boldsymbol{x}) \cdot \boldsymbol{x}$$

となる．ここで，1変数のときと同じ計算で，

$$\boldsymbol{x} = \boldsymbol{x}_0 + \boldsymbol{X}$$

のとき，

$$y = (a + 2\boldsymbol{b} \cdot \boldsymbol{x}_0 + \boldsymbol{C}\boldsymbol{x}_0 \cdot \boldsymbol{x}_0) + 2(\boldsymbol{b} + \boldsymbol{C}\boldsymbol{x}_0) \cdot \boldsymbol{X} + \boldsymbol{C}\boldsymbol{X} \cdot \boldsymbol{X}$$

となる．ここで，平方完成を考えるためには，

$$\boldsymbol{b} + \boldsymbol{C}\boldsymbol{x}_0 = \boldsymbol{0}$$

としたいわけで，$\boldsymbol{C}$ が正則行列，すなわち逆行列 $\boldsymbol{C}^{-1}$ が

存在するときには，

$$\boldsymbol{x}_0 = -\boldsymbol{C}^{-1}\boldsymbol{b}$$

とすればよい．このとき，

$$\begin{aligned} a+2\boldsymbol{b}\cdot\boldsymbol{x}_0+\boldsymbol{C}\boldsymbol{x}_0\cdot\boldsymbol{x}_0 &= a+\boldsymbol{b}\cdot\boldsymbol{x}_0 \\ &= a-\boldsymbol{C}^{-1}\boldsymbol{b}\cdot\boldsymbol{b} \end{aligned}$$

となる．

これを，行列式の形にするためには，

$$y = [1 \quad x_1 \quad x_2]\begin{bmatrix} a & b_1 & b_2 \\ b_1 & c_{11} & c_{12} \\ b_2 & c_{21} & c_{22} \end{bmatrix}\begin{bmatrix} 1 \\ x_1 \\ x_2 \end{bmatrix}$$

の形にして，

$$\boldsymbol{x} = \boldsymbol{x}_0 + \boldsymbol{X}$$

の変形，すなわち

$$\begin{bmatrix} 1 \\ x_1 \\ x_2 \end{bmatrix} = \begin{bmatrix} 1 & 0 & 0 \\ x_{01} & 1 & 0 \\ x_{02} & 0 & 1 \end{bmatrix}\begin{bmatrix} 1 \\ X_1 \\ X_2 \end{bmatrix}$$

をしたとき，

$$y = [1 \quad X_1 \quad X_2]\begin{bmatrix} y(\boldsymbol{x}_0) & 0 & 0 \\ 0 & c_{11} & c_{12} \\ 0 & c_{21} & c_{22} \end{bmatrix}\begin{bmatrix} 1 \\ X_1 \\ X_2 \end{bmatrix}$$

になるわけだが，これは，

$$y = [1 \quad x_1 \quad x_2] \begin{bmatrix} 1 & x_{01} & x_{02} \\ 0 & 1 & 0 \\ 0 & 0 & 1 \end{bmatrix} \begin{bmatrix} a & b_1 & b_2 \\ b_1 & c_{11} & c_{12} \\ b_2 & c_{21} & c_{22} \end{bmatrix} \begin{bmatrix} 1 & 0 & 0 \\ x_{01} & 1 & 0 \\ x_{02} & 0 & 1 \end{bmatrix} \begin{bmatrix} 1 \\ x_1 \\ x_2 \end{bmatrix}$$

であるので,

$$\begin{bmatrix} 1 & x_{01} & x_{02} \\ 0 & 1 & 0 \\ 0 & 0 & 1 \end{bmatrix} \begin{bmatrix} a & b_1 & b_2 \\ b_1 & c_{11} & c_{12} \\ b_2 & c_{21} & c_{22} \end{bmatrix} \begin{bmatrix} 1 & 0 & 0 \\ x_{01} & 1 & 0 \\ x_{02} & 0 & 1 \end{bmatrix}$$

$$= \begin{bmatrix} y(\boldsymbol{x}_0) & 0 & 0 \\ 0 & c_{11} & c_{12} \\ 0 & c_{21} & c_{22} \end{bmatrix}$$

となる．この両辺の行列式をとると,

$$\begin{vmatrix} a & b_1 & b_2 \\ b_1 & c_{11} & c_{12} \\ b_2 & c_{21} & c_{22} \end{vmatrix} = y(\boldsymbol{x}_0) \begin{vmatrix} c_{11} & c_{12} \\ c_{21} & c_{22} \end{vmatrix}$$

すなわち,

$$y(\boldsymbol{x}_0) = \frac{\begin{vmatrix} a & b_1 & b_2 \\ b_1 & c_{11} & c_{12} \\ b_2 & c_{21} & c_{22} \end{vmatrix}}{\begin{vmatrix} c_{11} & c_{12} \\ c_{21} & c_{22} \end{vmatrix}}$$

という式がえられることになる．すなわち，

$$y=\frac{\det\begin{bmatrix} a & \boldsymbol{b}^* \\ \boldsymbol{b} & \boldsymbol{C}\end{bmatrix}}{\det \boldsymbol{C}}+\boldsymbol{CX}\cdot\boldsymbol{X}$$

となる．これが，多変数の2次関数の平方完成の公式になる．

さて，同次2次関数の部分

$$\boldsymbol{X}\longmapsto \boldsymbol{CX}\cdot\boldsymbol{X}$$

であるが，これは係数 $\boldsymbol{C}$ によって正負の条件が定まる．これが $\boldsymbol{X}\neq \boldsymbol{0}$ であるかぎり，$\boldsymbol{CX}\cdot\boldsymbol{X}>0$ (<0) のときは，行列 $\boldsymbol{C}$ が真に正値（負値），正にも負にもなりうるときは不定値という．

この条件は，2変数については，平方完成を考えればよい．すなわち

$$c_{11}{X_1}^2+2c_{12}X_1X_2+c_{22}{X_2}^2$$

$$=\frac{\begin{vmatrix} c_{11} & c_{12} \\ c_{21} & c_{22}\end{vmatrix}}{c_{22}}{X_1}^2+c_{22}\left(\frac{c_{12}}{c_{22}}X_1+X_2\right)^2$$

であり，

$$\widetilde{X}_2={c_{22}}^{-1}c_{12}X_1+X_2$$

とすると，これは，

$$\frac{\begin{vmatrix} c_{11} & c_{12} \\ c_{21} & c_{22}\end{vmatrix}}{c_{22}}{X_1}^2+c_{22}{\widetilde{X}_2}^2$$

であるので，これらの係数の符号から判別できる．これは，2変数同次2次式の判別式による正値の議論にほかならない．

この議論は，たとえば3変数だと，

$$
\begin{aligned}
&[X_1 \quad X_2 \quad X_3]\begin{bmatrix} c_{11} & c_{12} & c_{13} \\ c_{21} & c_{22} & c_{23} \\ c_{31} & c_{32} & c_{33} \end{bmatrix}\begin{bmatrix} X_1 \\ X_2 \\ X_3 \end{bmatrix} \\
&= \frac{\begin{vmatrix} c_{11} & c_{12} & c_{13} \\ c_{21} & c_{22} & c_{23} \\ c_{31} & c_{32} & c_{33} \end{vmatrix}}{\begin{vmatrix} c_{22} & c_{23} \\ c_{32} & c_{33} \end{vmatrix}} {X_1}^2 + [\widetilde{X}_2 \quad \widetilde{X}_3]\begin{bmatrix} c_{22} & c_{23} \\ c_{32} & c_{33} \end{bmatrix}\begin{bmatrix} \widetilde{X}_2 \\ \widetilde{X}_3 \end{bmatrix} \\
&= \frac{\begin{vmatrix} c_{11} & c_{12} & c_{13} \\ c_{21} & c_{22} & c_{23} \\ c_{31} & c_{32} & c_{33} \end{vmatrix}}{\begin{vmatrix} c_{22} & c_{23} \\ c_{32} & c_{33} \end{vmatrix}} {X_1}^2 + \frac{\begin{vmatrix} c_{22} & c_{23} \\ c_{32} & c_{33} \end{vmatrix}}{c_{33}} {\widetilde{X}_2}^2 + c_{33} {\widetilde{\widetilde{X}}_3}{}^2
\end{aligned}
$$

というように一般化できる．

これらは，多変数の2次関数の理論，すなわち線型代数の用語でいうと，2次形式論の一部である．

一般の関数の場合も，同じように考える．たとえば，2変数の関数

$$\boldsymbol{x} \longmapsto y = y(\boldsymbol{x})$$

のあるとき，

$$\frac{d}{d\boldsymbol{x}}\,\mathbf{grad}\,y = \begin{bmatrix} \dfrac{\partial}{\partial x_1}\left(\dfrac{\partial y}{\partial x_1}\right) & \dfrac{\partial}{\partial x_2}\left(\dfrac{\partial y}{\partial x_1}\right) \\ \dfrac{\partial}{\partial x_1}\left(\dfrac{\partial y}{\partial x_2}\right) & \dfrac{\partial}{\partial x_2}\left(\dfrac{\partial y}{\partial x_2}\right) \end{bmatrix}$$

を考えて，これを，

$$\frac{d^2 y}{d\boldsymbol{x}^2} = \begin{bmatrix} \dfrac{\partial^2 y}{\partial {x_1}^2} & \dfrac{\partial^2 y}{\partial x_2 \partial x_1} \\ \dfrac{\partial^2 y}{\partial x_1 \partial x_2} & \dfrac{\partial^2 y}{\partial {x_2}^2} \end{bmatrix}$$

のように書く．または，

$$y''(\boldsymbol{x}) = \begin{bmatrix} y''_{x_1 x_1} & y''_{x_1 x_2} \\ y''_{x_2 x_1} & y''_{x_2 x_2} \end{bmatrix}$$

と書くこともある．

このとき，

$$y(\boldsymbol{x}) = y(\boldsymbol{x}_0) + y'(\boldsymbol{x}_0)(\boldsymbol{x} - \boldsymbol{x}_0) + \frac{1}{2} y''(\boldsymbol{x}_0)(\boldsymbol{x} - \boldsymbol{x}_0)\cdot(\boldsymbol{x} - \boldsymbol{x}_0) + \varepsilon(\boldsymbol{x})$$

として，

$$\lim_{x \to x_0} \frac{\varepsilon(\boldsymbol{x})}{(\boldsymbol{x} - \boldsymbol{x}_0)^2} = 0$$

のとき，

$$dX \longmapsto d^2y = y''(\boldsymbol{x})dX \cdot dX$$

という2次関数を，2階の微分という．

ここで，2次関数の形として

$$\frac{\partial^2 y}{\partial x_i \partial x_j} = \frac{\partial^2 y}{\partial x_j \partial x_i}$$

でなければならない．こうなるための条件や，ならないような病理的な例についての議論は省略する．たとえば，$\mathbf{grad}\, y$ が微分可能ならばよいことなどが証明できる．

ここで，2次形式の議論と組み合わせることによって，極値の判定が可能である．たとえば2変数でいうと，$y'(\boldsymbol{x}) = \mathbf{0}$ となる点で

$$\begin{vmatrix} y''_{x_1x_1} & y''_{x_1x_2} \\ y''_{x_2x_1} & y''_{x_2x_2} \end{vmatrix} > 0$$

ならば，

$$y''_{x_1x_1} > 0 \quad \text{ならば，極小，}$$
$$y''_{x_1x_1} < 0 \quad \text{ならば，極大}$$

となり（図 1.33），

$$\begin{vmatrix} y''_{x_1x_1} & y''_{x_1x_2} \\ y''_{x_2x_1} & y''_{x_2x_2} \end{vmatrix} < 0$$

ならば，

極大でも極小でもない，

ということになる（図 1.34）．

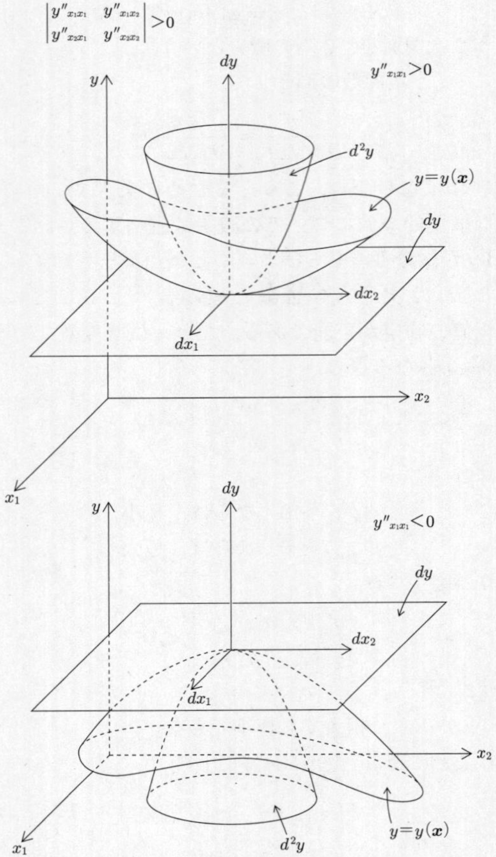
$\begin{vmatrix} y''_{x_1x_1} & y''_{x_1x_2} \\ y''_{x_2x_1} & y''_{x_2x_2} \end{vmatrix} > 0$
dy
y
$y''_{x_1x_1} > 0$
d^2y
$y = y(\boldsymbol{x})$
dy
dx_2
dx_1
x_2
x_1
dy
y
$y''_{x_1x_1} < 0$
dy
dx_2
dx_1
x_2
x_1
d^2y
$y = y(\boldsymbol{x})$

図 1.33

$$\begin{vmatrix} y''_{x_1x_1} & y''_{x_1x_2} \\ y''_{x_2x_1} & y''_{x_2x_2} \end{vmatrix} < 0$$

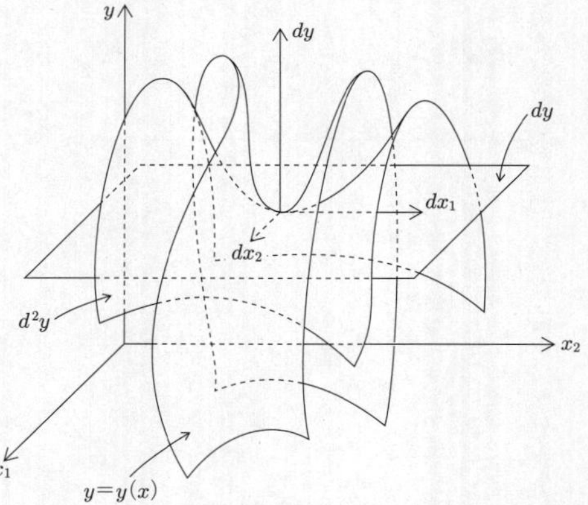

図 1.34

行列式が 0 になるときには，2 次関数が退化している場合で，3 次以上の項の影響が現われることになる．

たとえば

$$y = ({x_1}^2 - x_2)^2 - {x_1}^5$$

では，

$$y'(\mathbf{0}) = [0 \quad 0], \qquad y''(\mathbf{0}) = \begin{bmatrix} 0 & 0 \\ 0 & 2 \end{bmatrix}$$

で，図 1.35 で網をかけた部分に谷があって減少してい

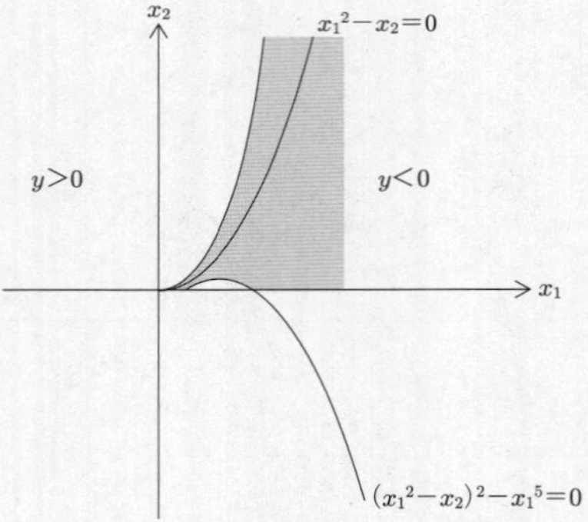

図 1.35

る．この場合，

$$y''(\mathbf{0})\boldsymbol{e}\cdot\boldsymbol{e}=0$$

となるのは x_1 方向だが，その方向に接する ${x_1}^2-x_2=0$ に沿って考えると高次の項 ${x_1}^5$ の影響が現われる．

9. 微分作用素の計算

多変数の微分計算で，もっともよく出てくるのは，2階の微分作用素の計算である．たとえば

$$f:(x,y)\longmapsto f(x,y)$$

という関数にたいして

$$(x+y^2)\frac{\partial}{\partial y}:f\longmapsto (x+y^2)\frac{\partial f}{\partial y}$$

というような微分演算を考える．これに，さらに，

$$(x^2+y)\frac{\partial}{\partial x}:f\longmapsto (x^2+y)\frac{\partial f}{\partial x}$$

という演算をすると，

$$\left((x^2+y)\frac{\partial}{\partial x}\right)\left((x+y^2)\frac{\partial}{\partial y}\right):f$$

$$\longmapsto (x^2+y)\frac{\partial}{\partial x}\left((x+y^2)\frac{\partial f}{\partial y}\right)$$

という演算になる．この計算は，積の公式で，

$$(x^2+y)\frac{\partial}{\partial x}\left((x+y^2)\frac{\partial f}{\partial y}\right)$$

$$=(x^2+y)\left(\frac{\partial}{\partial x}(x+y^2)\frac{\partial f}{\partial y}+(x+y^2)\frac{\partial}{\partial x}\left(\frac{\partial f}{\partial y}\right)\right)$$

$$= (x^2+y)\left(\frac{\partial f}{\partial y}+(x+y^2)\frac{\partial^2 f}{\partial x\partial y}\right)$$

$$= (x^2+y)(x+y^2)\frac{\partial^2 f}{\partial x\partial y}+(x^2+y)\frac{\partial f}{\partial y}$$

となる．これを，ふつうは，

$$\left((x^2+y)\frac{\partial}{\partial x}\right)\left((x+y^2)\frac{\partial}{\partial y}\right)$$

$$= (x^2+y)\left(\frac{\partial}{\partial x}(x+y^2)\frac{\partial}{\partial y}+(x+y^2)\frac{\partial}{\partial x}\left(\frac{\partial}{\partial y}\right)\right)$$

$$= (x^2+y)\left(\frac{\partial}{\partial y}+(x+y^2)\frac{\partial^2}{\partial x\partial y}\right)$$

$$= (x^2+y)(x+y^2)\frac{\partial^2}{\partial x\partial y}+(x^2+y)\frac{\partial}{\partial y}$$

のように書いていく．

例として，

$$D_0 = x\frac{\partial}{\partial x}-y\frac{\partial}{\partial y},$$

$$D_1 = x\frac{\partial}{\partial y},$$

$$D_2 = y\frac{\partial}{\partial x}$$

のとき，$D_1D_2-D_2D_1$，$D_1D_0-D_0D_1$，$D_2D_0-D_0D_2$ を計算してみよう．これは

$$[D_1, D_2] = D_1D_2-D_2D_1$$

と書かれて，微分演算子の計算では，しばしば現われるも

のである．

$$[D_1, D_2] = \left(x\frac{\partial}{\partial y}\right)\left(y\frac{\partial}{\partial x}\right) - \left(y\frac{\partial}{\partial x}\right)\left(x\frac{\partial}{\partial y}\right)$$

$$= x\left(\frac{\partial}{\partial x} + y\frac{\partial^2}{\partial y\partial x}\right) - y\left(\frac{\partial}{\partial y} + x\frac{\partial^2}{\partial x\partial y}\right)$$

$$= x\frac{\partial}{\partial x} - y\frac{\partial}{\partial y} = D_0,$$

$$[D_1, D_0] = \left(x\frac{\partial}{\partial y}\right)\left(x\frac{\partial}{\partial x} - y\frac{\partial}{\partial y}\right)$$

$$- \left(x\frac{\partial}{\partial x} - y\frac{\partial}{\partial y}\right)\left(x\frac{\partial}{\partial y}\right)$$

$$= x\left(-\frac{\partial}{\partial y} + x\frac{\partial^2}{\partial y\partial x} - y\frac{\partial^2}{\partial y^2}\right)$$

$$- \left(x\frac{\partial}{\partial y} + x^2\frac{\partial^2}{\partial x\partial y} - yx\frac{\partial^2}{\partial y^2}\right)$$

$$= -2x\frac{\partial}{\partial y} = -2D_1,$$

$$[D_2, D_0] = \left(y\frac{\partial}{\partial x}\right)\left(x\frac{\partial}{\partial x} - y\frac{\partial}{\partial y}\right)$$

$$- \left(x\frac{\partial}{\partial x} - y\frac{\partial}{\partial y}\right)\left(y\frac{\partial}{\partial x}\right)$$

$$= y\left(\frac{\partial}{\partial x} + x\frac{\partial^2}{\partial x^2} - y\frac{\partial^2}{\partial x\partial y}\right)$$

$$- \left(-y\frac{\partial}{\partial x} + xy\frac{\partial^2}{\partial x^2} - y^2\frac{\partial^2}{\partial y\partial x}\right)$$

$$= 2y\frac{\partial}{\partial x} = 2D_2$$

となる．じつは，$[D_2, D_0]$ の計算は，$[D_1, D_0]$ の計算の x と y をとりかえて符号を変えたものである．

この種の計算で気をつけなくてはいけないのは，

$$x\frac{\partial}{\partial y}\left(y\frac{\partial}{\partial x}\right) = xy\frac{\partial^2}{\partial y\partial x} + x\frac{\partial}{\partial x}$$
$$\neq xy\frac{\partial^2}{\partial y\partial x}$$

である点である．そのために，$D_1D_2 - D_2D_1$ で，2階の項は消える（したがって，じつは，1階の微分演算子の部分の計算だけが，本質的なのである）が，1階の部分のために

$$D_1D_2 \neq D_2D_1$$

となっているのである．これは，変数係数の微分作用素（係数が関数になっているとき，このような言い方をする）の計算で，とくに注意しなければならない．

2階の微分作用素の変数変換の計算でも，この種の注意が必要である．例として

$$\frac{\partial^2}{\partial x^2} + \frac{\partial^2}{\partial y^2} : f \longmapsto \frac{\partial^2 f}{\partial x^2} + \frac{\partial^2 f}{\partial y^2}$$

を，極座標

$$x = \rho\cos\varphi,$$
$$y = \rho\sin\varphi$$

に変換してみよう．

§7で計算したように

$$d\rho = \cos\varphi\, dx + \sin\varphi\, dy,$$

$$d\varphi = \frac{-\sin\varphi}{\rho} dx + \frac{\cos\varphi}{\rho} dy$$

である．そこで，たとえば

$$\begin{aligned}\frac{\partial f}{\partial x} &= \frac{\partial f}{\partial \rho}\frac{\partial \rho}{\partial x} + \frac{\partial f}{\partial \varphi}\frac{\partial \varphi}{\partial x} \\ &= \cos\varphi \frac{\partial f}{\partial \rho} + \frac{-\sin\varphi}{\rho}\frac{\partial f}{\partial \varphi}\end{aligned}$$

となる．これらを，

$$\frac{\partial}{\partial x} = \cos\varphi \frac{\partial}{\partial \rho} - \frac{\sin\varphi}{\rho}\frac{\partial}{\partial \varphi},$$

$$\frac{\partial}{\partial y} = \sin\varphi \frac{\partial}{\partial \rho} + \frac{\cos\varphi}{\rho}\frac{\partial}{\partial \varphi}$$

と書く．すると，

$$\begin{aligned}\frac{\partial^2}{\partial x^2} &= \left(\cos\varphi \frac{\partial}{\partial \rho} - \frac{\sin\varphi}{\rho}\frac{\partial}{\partial \varphi}\right)\left(\cos\varphi \frac{\partial}{\partial \rho} - \frac{\sin\varphi}{\rho}\frac{\partial}{\partial \varphi}\right) \\ &= \cos^2\varphi \frac{\partial^2}{\partial \rho^2} - \frac{2\cos\varphi\sin\varphi}{\rho}\frac{\partial^2}{\partial\rho\partial\varphi} + \frac{\sin^2\varphi}{\rho^2}\frac{\partial^2}{\partial\varphi^2} \\ &\quad + \cos\varphi\left(\frac{\sin\varphi}{\rho^2}\frac{\partial}{\partial\varphi}\right) \\ &\quad - \frac{\sin\varphi}{\rho}\left(-\sin\varphi\frac{\partial}{\partial\rho} - \frac{\cos\varphi}{\rho}\frac{\partial}{\partial\varphi}\right),\end{aligned}$$

$$\frac{\partial^2}{\partial y^2} = \left(\sin\varphi\frac{\partial}{\partial\rho} + \frac{\cos\varphi}{\rho}\frac{\partial}{\partial\varphi}\right)\left(\sin\varphi\frac{\partial}{\partial\rho} + \frac{\cos\varphi}{\rho}\frac{\partial}{\partial\varphi}\right)$$
$$= \sin^2\varphi\frac{\partial^2}{\partial\rho^2} + \frac{2\sin\varphi\cos\varphi}{\rho}\frac{\partial^2}{\partial\rho\partial\varphi} + \frac{\cos^2\varphi}{\rho^2}\frac{\partial^2}{\partial\varphi^2}$$
$$+\sin\varphi\left(\frac{-\cos\varphi}{\rho^2}\frac{\partial}{\partial\varphi}\right)$$
$$+\frac{\cos\varphi}{\rho}\left(\cos\varphi\frac{\partial}{\partial\rho} + \frac{-\sin\varphi}{\rho}\frac{\partial}{\partial\varphi}\right)$$

となる．そこで，$\cos^2\varphi + \sin^2\varphi = 1$ より

$$\frac{\partial^2}{\partial x^2} + \frac{\partial^2}{\partial y^2} = \frac{\partial^2}{\partial\rho^2} + \frac{1}{\rho^2}\frac{\partial^2}{\partial\varphi^2} + \frac{1}{\rho}\frac{\partial}{\partial\rho}$$

となる．これはまた

$$\frac{\partial^2}{\partial x^2} + \frac{\partial^2}{\partial y^2} = \frac{1}{\rho^2}\left(\rho\frac{\partial}{\partial\rho}\right)^2 + \frac{1}{\rho^2}\frac{\partial^2}{\partial\varphi^2}$$

と書くこともある．

これから，3 次元の円柱座標で

$$\frac{\partial^2}{\partial x^2} + \frac{\partial^2}{\partial y^2} + \frac{\partial^2}{\partial z^2} = \frac{\partial^2}{\partial z^2} + \frac{1}{\rho^2}\left(\rho\frac{\partial}{\partial\rho}\right)^2 + \frac{1}{\rho^2}\frac{\partial^2}{\partial\varphi^2}$$

となる．

さらに，

$$z = r\cos\theta,$$
$$\rho = r\sin\theta$$

で，3 次元の極座標（球面座標）に変換すると，

$$\frac{\partial^2}{\partial z^2}+\frac{\partial^2}{\partial \rho^2}=\frac{\partial^2}{\partial r^2}+\frac{1}{r^2}\frac{\partial^2}{\partial \theta^2}+\frac{1}{r}\frac{\partial}{\partial r},$$

$$\frac{\partial}{\partial \rho}=\sin\theta\frac{\partial}{\partial r}+\frac{\cos\theta}{r}\frac{\partial}{\partial \theta}$$

より,

$$\begin{aligned}\frac{\partial^2}{\partial x^2}+\frac{\partial^2}{\partial y^2}+\frac{\partial^2}{\partial z^2}&=\frac{\partial^2}{\partial r^2}+\frac{1}{r^2}\frac{\partial^2}{\partial \theta^2}+\frac{1}{r}\frac{\partial}{\partial r}\\&\quad+\frac{1}{r\sin\theta}\left(\sin\frac{\partial}{\partial r}+\frac{\cos\theta}{r}\frac{\partial}{\partial \theta}\right)+\frac{1}{r^2\sin^2\theta}\frac{\partial^2}{\partial \varphi^2}\\&=\frac{\partial^2}{\partial r^2}+\frac{1}{r^2}\frac{\partial^2}{\partial \theta^2}+\frac{1}{r^2\sin^2\theta}\frac{\partial^2}{\partial \varphi^2}+\frac{2}{r}\frac{\partial}{\partial r}\\&\quad+\frac{\cos\theta}{r^2\sin\theta}\frac{\partial}{\partial \theta}\end{aligned}$$

となる. これは,

$$\begin{aligned}\frac{\partial^2}{\partial x^2}+\frac{\partial^2}{\partial y^2}+\frac{\partial^2}{\partial z^2}&=\frac{1}{r^4}\left(r^2\frac{\partial}{\partial r}\right)^2\\&\quad+\frac{1}{r^2\sin^2\theta}\left(\sin\theta\frac{\partial}{\partial \theta}\right)^2+\frac{1}{r^2\sin^2\theta}\frac{\partial^2}{\partial \varphi^2}\end{aligned}$$

と書かれることもある.

この種の計算は, しばしば出てくるので, ある種の典型的な場合には一般公式が作られているが, このように具体的に計算していく力があることは望ましい. しかし, 多変数の微分計算で, 従来は案外にこの種の計算力の演習はなされていなかった.

［練習問題］

1)　本文の D_0, D_1, D_2 について，次の計算をせよ．

$$\frac{D_0D_1+D_1D_0}{2}, \qquad \frac{D_0D_2+D_2D_0}{2},$$

$$\frac{D_1D_2+D_2D_1}{2}.$$

2)　$D_1 = x\frac{\partial}{\partial y} - y\frac{\partial}{\partial x}, \quad D_2 = y\frac{\partial}{\partial z} - z\frac{\partial}{\partial y},$

$$D_3 = z\frac{\partial}{\partial x} - x\frac{\partial}{\partial z}$$

にたいして，次の計算をせよ．

$$[D_1, D_2], \qquad [D_2, D_3], \qquad [D_3, D_1]$$

$$\frac{D_1D_2+D_2D_1}{2}, \qquad \frac{D_2D_3+D_3D_2}{2},$$

$$\frac{D_3D_1+D_1D_3}{2}.$$

3)　$\frac{\partial^2}{\partial x^2}+\frac{\partial^2}{\partial y^2}$ を，次の変換で計算せよ．

i）　$x = u+v,$　　ii）　$x = u^2-v^2,$

　　$y = uv.$　　　　$y = 2uv.$

10. 関数関係

1次関数

$$f_1(x) = 2x_1 + 3x_2 - 4x_3 + x_4,$$
$$f_2(x) = x_1 - 2x_2 + 3x_3 - x_4,$$
$$f_3(x) = 3x_1 + 8x_2 - 11x_3 + 3x_4$$

があったとする．このとき

$$f_3(x) = 2f_1(x) - f_2(x)$$

という1次の関係がある．係数の勾配ベクトルについていえば

$$\begin{bmatrix} 2 \\ 3 \\ -4 \\ 1 \end{bmatrix} \times 2 + \begin{bmatrix} 1 \\ -2 \\ 3 \\ -1 \end{bmatrix} \times (-1) = \begin{bmatrix} 3 \\ 8 \\ -11 \\ 3 \end{bmatrix}$$

になっているわけである．この種の1次関係についての議論は，線型代数でいう次元と階数(ランク)の議論である．

いま $\boldsymbol{a}_1, \boldsymbol{a}_2, \cdots, \boldsymbol{a}_k$ というベクトルがあるとき，

$$\boldsymbol{x} = \boldsymbol{a}_1 t_1 + \boldsymbol{a}_2 t_2 + \cdots + \boldsymbol{a}_k t_k$$

というように表わされるベクトルの座標に，$\boldsymbol{a}_1, \boldsymbol{a}_2, \cdots, \boldsymbol{a}_k$ がとれるとき，すなわち，このような $t_1, \cdots, t_k$ が一意的なときに，これらのベクトルは1次独立であるといい，

このようなベクトル $\boldsymbol{x}$ が k 次元部分ベクトル空間をはるという.

一意的でないときは,

$$\boldsymbol{a}_1 t_1 + \boldsymbol{a}_2 t_2 + \cdots + \boldsymbol{a}_k t_k = \boldsymbol{a}_1 t_1' + \boldsymbol{a}_2 t_2' + \cdots + \boldsymbol{a}_k t_k'$$

となるのだから, 1 次関係があるわけで, このような $\boldsymbol{x}$ を表わすのに $\boldsymbol{a}_1, \cdots, \boldsymbol{a}_k$ すべては必要ない. この最小個数（このような形で表わされるベクトルの正味の次元）を $\mathrm{rank}\,[\boldsymbol{a}_1 \quad \boldsymbol{a}_2 \quad \cdots \quad \boldsymbol{a}_k]$ というわけである. それは, 次元, すなわち 1 次的な自由度を意味している.

さきの例では

$$\mathrm{rank}\begin{bmatrix} 2 & 3 & -4 & 1 \\ 1 & -2 & 3 & -1 \\ 3 & 8 & -11 & 3 \end{bmatrix} = 2$$

であったわけである. なお, 階数の理論によれば, 行列のタテヨコは関係しない. すなわち

$$\mathrm{rank}\begin{bmatrix} a_{11} & \cdots & a_{1m} \\ a_{21} & \cdots & a_{2m} \\ \vdots & & \\ a_{n1} & \cdots & a_{nm} \end{bmatrix} = \mathrm{rank}\begin{bmatrix} a_{11} & a_{21} & \cdots & a_{n1} \\ \vdots & & & \\ a_{1m} & a_{2m} & \cdots & a_{nm} \end{bmatrix}$$

である. これは, たとえば,

$$\mathrm{rank}\begin{bmatrix} a & b & c \\ a' & b' & c' \end{bmatrix} = \mathrm{rank}\begin{bmatrix} a & a' \\ b & b' \\ c & c' \end{bmatrix},$$

とくに,

$$a : a' = b : b' = c : c', \qquad a : b : c = a' : b' : c'$$

が同値であることの一般化になっている.

今までの議論は1次関数についてであるが，一般の関数についても，微分することによって1次関数になるので，各点において階数を考えて，局所的な関数関係を考えることができる.

一般に，$x_1, x_2, \cdots, x_m$ の関数 $f_1, f_2, \cdots, f_n$ があるとき

$$\mathrm{rank}\, \frac{d\boldsymbol{f}}{d\boldsymbol{x}} = \mathrm{rank} \begin{bmatrix} \dfrac{\partial f_1}{\partial x_1} & \cdots & \dfrac{\partial f_1}{\partial x_m} \\ \vdots & & \\ \dfrac{\partial f_n}{\partial x_1} & \cdots & \dfrac{\partial f_n}{\partial x_m} \end{bmatrix}$$

で，この関数の自由度を考えることができる．ただし，これは各 $\boldsymbol{x}$ ごとにちがった整数値をとるわけで，自由度じしん，$\boldsymbol{x}$ の整数値関数である.

これは，各点の微分についての，局所的問題であるが，いくつかの関数の間の関連性，たとえば

$$f_1(\boldsymbol{x}) = x_1 + x_2 + x_3 + x_4,$$
$$f_2(\boldsymbol{x}) = x_1x_2 + x_1x_3 + x_1x_4 + x_2x_3 + x_2x_4 + x_3x_4,$$
$$f_3(\boldsymbol{x}) = {x_1}^2 + {x_2}^2 + {x_3}^2 + {x_4}^2$$

の間に,

$$f_3(\boldsymbol{x}) = (f_1(\boldsymbol{x}))^2 - 2f_2(\boldsymbol{x})$$

という代数的関係がある，などということで問題になるの

は，ある範囲（開集合）にわたっての問題である．この例の場合

$$\frac{d\boldsymbol{f}}{d\boldsymbol{x}} =$$

$$\begin{bmatrix} 1 & 1 & 1 & 1 \\ x_2+x_3+x_4 & x_1+x_3+x_4 & x_1+x_2+x_4 & x_1+x_2+x_3 \\ 2x_1 & 2x_2 & 2x_3 & 2x_4 \end{bmatrix}$$

であり，

$$x_1 = x_2 = x_3 = x_4$$

のときだけ階数は1，他の点では2になっている．このように，ある範囲にわたって階数がさがっているかどうかが，この場合に問題になる．

いま，$f_1(\boldsymbol{x}), f_2(\boldsymbol{x}), \cdots, f_n(\boldsymbol{x})$ という関数があるとき，

$$F(f_1(\boldsymbol{x}), f_2(\boldsymbol{x}), \cdots, f_n(\boldsymbol{x})) = 0$$

のとき，この $f_1, f_2, \cdots, f_n$ の間に関係 F があるといえるだろう．ただし，これだけでは不正確である．F が0の値をとる定数関数だったら，これは成立するにきまっている．全部で定数でなくても，たとえば，

$$f_1(\boldsymbol{x}) = {x_1}^2, \qquad f_2(\boldsymbol{x}) = {x_2}^2,$$

$$F(y_1, y_2) \begin{cases} = 0 & (y_1, y_2 \geqq 0) \\ \neq 0 & (\text{そのほかの}\boldsymbol{y}) \end{cases}$$

のようなときでもよいことになる．ここで，F としては，どんな $\boldsymbol{y}$ にたいしても，$\boldsymbol{y}$ のいくらでも近くに，

$$F(\boldsymbol{z}) \neq F(\boldsymbol{y})$$

となる $\boldsymbol{z}$ がある，という条件をつけておく．このとき，$f_1, f_2, \cdots, f_n$ は関数関係があるという．

1変数の場合，$F(y)$ がどんな区間でも定数にならないための条件は，

$$F'(y) \neq 0$$

が，例外点（定常になる点）を除いて成立すること，すなわち，どんな y にたいしても，y のいくらでも近くに

$$F'(z) \neq 0$$

となる点 z のあることであった．このことは，多変数でも同様である．

$$F'(\boldsymbol{y}) \neq 0$$

たとえば，$\partial F/\partial y_k$ が 0 でなければ，y_k 方向で定数でないことになるからである．

そこで，関数関係があるための条件を考えよう．

まず，

［定理］ $f_1(x_1, x_2), f_2(x_1, x_2)$ が，各点の近傍で，関数関係をもつ．すなわち，$\boldsymbol{f}$ の値域の上で，

$$F(f_1, f_2) = 0$$

となる，定数でないような関数 F の存在する範囲があるための条件は，いたるところ，

$$\operatorname{rank}\begin{bmatrix} \dfrac{\partial f_1}{\partial x_1} & \dfrac{\partial f_1}{\partial x_2} \\ \dfrac{\partial f_2}{\partial x_1} & \dfrac{\partial f_2}{\partial x_2} \end{bmatrix} < 2,$$

すなわち，この行列が正則でないことである．

[証明]　$$F(f_1, f_2) = 0$$
ならば,

$$\begin{bmatrix} \dfrac{\partial F}{\partial f_1} & \dfrac{\partial F}{\partial f_2} \end{bmatrix} \begin{bmatrix} \dfrac{\partial f_1}{\partial x_1} & \dfrac{\partial f_1}{\partial x_2} \\ \dfrac{\partial f_2}{\partial x_1} & \dfrac{\partial f_2}{\partial x_2} \end{bmatrix} = [0 \quad 0],$$

$$\begin{bmatrix} \dfrac{\partial F}{\partial f_1} & \dfrac{\partial F}{\partial f_2} \end{bmatrix} \neq [0 \quad 0]$$

より, 行列 $d\boldsymbol{f}/d\boldsymbol{x}$ は正則でない.

逆に, このような F が存在しないとき, 各点の近傍で, f_1, f_2 は定数ではない. そこで, ある範囲で, たとえば

$$\frac{\partial f_1}{\partial x_1} \neq 0$$

とする.

このとき, そこで x_1 についてといて,

$$x_1 = \widetilde{x}_1(f_1, x_2), \qquad f_2(\widetilde{f}_1, x_2) = f_2(\widetilde{x}_1(f_1, x_2), x_2)$$

とする. ここで, $(x_1, x_2) \longmapsto (f_1, x_2)$ の微分は

$$\begin{bmatrix} df_1 \\ dx_2 \end{bmatrix} = \begin{bmatrix} \dfrac{\partial f_1}{\partial x_1} & \dfrac{\partial f_1}{\partial x_2} \\ 0 & 1 \end{bmatrix} \begin{bmatrix} dx_1 \\ dx_2 \end{bmatrix}$$

となり, $(f_1, x_2) \longmapsto (f_1, f_2)$ の微分は

$$\begin{bmatrix} df_1 \\ df_2 \end{bmatrix} = \begin{bmatrix} 1 & 0 \\ \dfrac{\partial \widetilde{f}_2}{\partial f_1} & \dfrac{\partial \widetilde{f}_2}{\partial x_2} \end{bmatrix} \begin{bmatrix} df_1 \\ dx_2 \end{bmatrix}$$

となる. したがって

$$\begin{bmatrix} \dfrac{\partial f_1}{\partial x_1} & \dfrac{\partial f_1}{\partial x_2} \\ \dfrac{\partial f_2}{\partial x_1} & \dfrac{\partial f_2}{\partial x_2} \end{bmatrix} = \begin{bmatrix} 1 & 0 \\ \dfrac{\partial \widetilde{f_2}}{\partial f_1} & \dfrac{\partial \widetilde{f_2}}{\partial x_2} \end{bmatrix} \begin{bmatrix} \dfrac{\partial f_1}{\partial x_1} & \dfrac{\partial f_1}{\partial x_2} \\ 0 & 1 \end{bmatrix}$$

となる．ここで，$\partial\widetilde{f_2}/\partial x_2 \neq 0$ であるから（さもないと，$f_2(\widetilde{f_1}, x_2)=0$ が関数関係になる），行列 $d\boldsymbol{f}/d\boldsymbol{x}$ は正則である．〈証明おわり〉

ふつう，微分していえる局所的な議論を大局的につなぐ問題は，コンパクト性をきかして，局所的議論の有限個のつみ重ねにする，といった手つづきが必要なので，上の証明は，その局所的部分をやっているだけである．しかも，この場合は，各点 $\boldsymbol{x}$ の近傍 $\boldsymbol{U}$ の内部に，関数関係の存在するような $\boldsymbol{V} \subset \boldsymbol{U}$ がある，という形なので，そのままではつなぎにくい．しかし，ふつうの関数は，式で表わされた，解析的な関数であって，局所的な関数関係が，全体を支配する．それで，この問題に関しては，局所的（といっても，$\boldsymbol{x}$ の近傍 $\boldsymbol{U}$ ではなくて，$\boldsymbol{U}$ の内部の $\boldsymbol{V}$ になるが）な議論だけで，だいたいは，すますことができる．定義や定理を，論理的に正確に定式化しようとすると，表現がヤヤコシクなるが，そのことは，あまり必要ではない．

この証明では，実質的には，連立１次方程式

$$df_1 = \frac{\partial f_1}{\partial x_1}dx_1 + \frac{\partial f_1}{\partial x_2}dx_2,$$

$$df_2 = \frac{\partial f_2}{\partial x_1}dx_1 + \frac{\partial f_2}{\partial x_2}dx_2$$

を,

$$dx_1 = \left(\frac{\partial f_1}{\partial x_1}\right)^{-1} df_1 - \left(\frac{\partial f_1}{\partial x_1}\right)^{-1} \frac{\partial f_1}{\partial x_2} dx_2$$

として,

$$df_2 = \frac{\partial f_2}{\partial x_1}\left(\left(\frac{\partial f_1}{\partial x_1}\right)^{-1} df_1 - \left(\frac{\partial f_1}{\partial x_1}\right)^{-1} \frac{\partial f_1}{\partial x_2} dx_2\right)$$

$$+\frac{\partial f_2}{\partial x_2} dx_2$$

$$= \left(\frac{\partial f_1}{\partial x_1}\right)^{-1} \frac{\partial f_2}{\partial x_1} df_1 + \left(\frac{\partial f_1}{\partial x_1}\right)^{-1} \begin{vmatrix} \frac{\partial f_1}{\partial x_1} & \frac{\partial f_1}{\partial x_2} \\ \frac{\partial f_2}{\partial x_1} & \frac{\partial f_2}{\partial x_2} \end{vmatrix} dx_2$$

にする.すなわち,連立1次方程式の代入法による解法を実行しているのに,相当している.それを,計算を実行しないで,行列記号で代行しているのである.このことは,まえの変数変換や陰関数のときの議論も同じである.つまり,理念の上からは,微分して1次式にしてしまえば,1次式の1次独立性の議論になるが,証明のさいには,その1次方程式の代入法の手つづきに相当する考えを必要としている.

ここで,代入法の原理というのは,変数を1つずつ減らしていくことであり,それは必然的に,n 変数のときにでも(帰納法により)一般化できる.

ここで,一般的な定式化をしておこう.

$f_1, f_2, \cdots, f_n$ の値のある範囲で,いたるところで定数に

ならない関数 F があって

$$F(f_1, f_2, \cdots, f_n) = 0$$

となるとき，$f_1, f_2, \cdots, f_n$ は従属であるといい，従属でないときには，独立であるという．このとき，

［定理］ $f_1, f_2, \cdots, f_n$ が独立になるための条件は，各点の近傍に，

$$\operatorname{rank} \frac{d\boldsymbol{f}}{d\boldsymbol{x}} = n$$

となる点があることである．

さらに，

$$F_1(\boldsymbol{f}) = 0, \qquad F_2(\boldsymbol{f}) = 0, \qquad \cdots, \qquad F_k(\boldsymbol{f}) = 0$$

となる，独立な $F_1, F_2, \cdots, F_k$ の最大個数が l のとき，$f_1, f_2, \cdots, f_n$ の自由度は $n-l$ であるという．このとき

［定理］ $f_1, f_2, \cdots, f_n$ の自由度が r であるための条件は

$$\operatorname{rank} \frac{d\boldsymbol{f}}{d\boldsymbol{x}} \leqq r$$

で，

$$\operatorname{rank} \frac{d\boldsymbol{f}}{d\boldsymbol{x}} = r$$

となる点が各点の近傍に存在することである．

11. 多様体

簡単のために，3 次元空間で考えよう．
ここで，直線は，媒介変数 t を使って，

$$\begin{bmatrix} x_1 \\ x_2 \\ x_3 \end{bmatrix} = \begin{bmatrix} a_1 \\ a_2 \\ a_3 \end{bmatrix} + \begin{bmatrix} b_1 \\ b_2 \\ b_3 \end{bmatrix} t$$

と表わせる．これは $t=0$ のときに $\boldsymbol{a}$ を通って，速度 $\boldsymbol{b}$ で等速直線運動をしている点の軌跡と考えることができる．

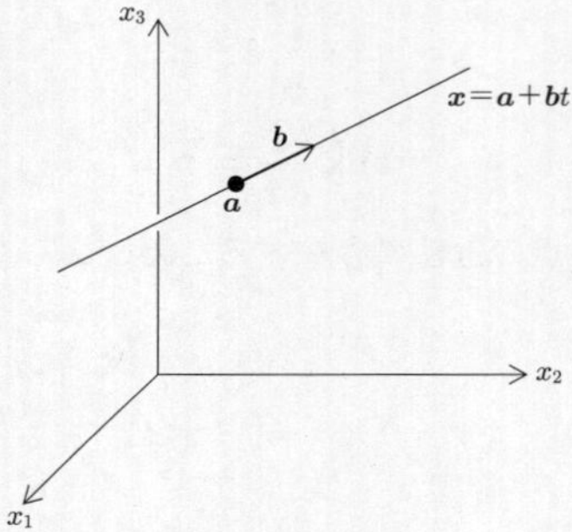

図 1.36

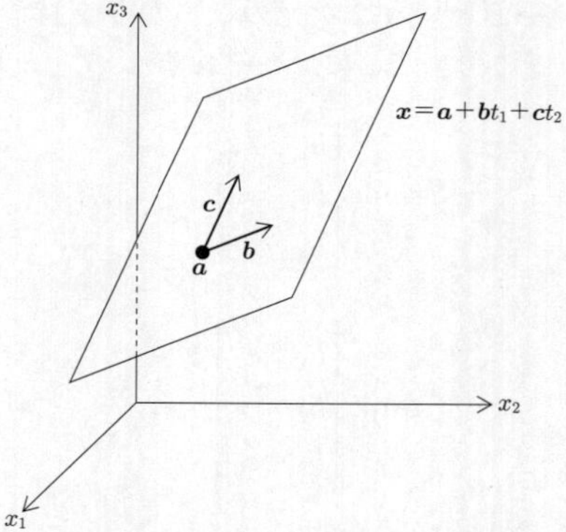

図 1.37

平面になると，2次元だから，2つの媒介変数で，

$$\begin{bmatrix} x_1 \\ x_2 \\ x_3 \end{bmatrix} = \begin{bmatrix} a_1 \\ a_2 \\ a_3 \end{bmatrix} + \begin{bmatrix} b_1 \\ b_2 \\ b_3 \end{bmatrix} t_1 + \begin{bmatrix} c_1 \\ c_2 \\ c_3 \end{bmatrix} t_2$$

と表わされることになる（図 1.37）．

ところで，この係数には条件がなければならない．それは，ほんとうに，新しい方向をあたえることになるか，ということである．

はじめの方で，速度の $\boldsymbol{b}=\boldsymbol{0}$ ならば，点は $\boldsymbol{a}$ でとどまっているわけで，直線にはならない．あとの方では，かりに，$\boldsymbol{b}\neq\boldsymbol{0}, \boldsymbol{c}\neq\boldsymbol{0}$ であっても

$$b_1 : b_2 : b_3 = c_1 : c_2 : c_3$$

であれば，平面という2次元のひろがりを持つわけにはいかない．そこで，ここには，それぞれ，

$$\mathrm{rank}\begin{bmatrix} b_1 \\ b_2 \\ b_3 \end{bmatrix} = 1,$$

$$\mathrm{rank}\begin{bmatrix} b_1 & c_1 \\ b_2 & c_2 \\ b_3 & c_3 \end{bmatrix} = 2$$

という条件がいることになる．

これを一般化して，媒介変数を用いて曲線や曲面を定義しよう．

曲線というのは

$$\begin{bmatrix} x_1 \\ x_2 \\ x_3 \end{bmatrix} = \begin{bmatrix} x_1(t) \\ x_2(t) \\ x_3(t) \end{bmatrix}$$

であたえられるとすれば，だいたいはよい．ただし，ここで微分を考えて，

$$\begin{bmatrix} dx_1 \\ dx_2 \\ dx_3 \end{bmatrix} = \begin{bmatrix} x_1'(t) \\ x_2'(t) \\ x_3'(t) \end{bmatrix} dt$$

のとき，

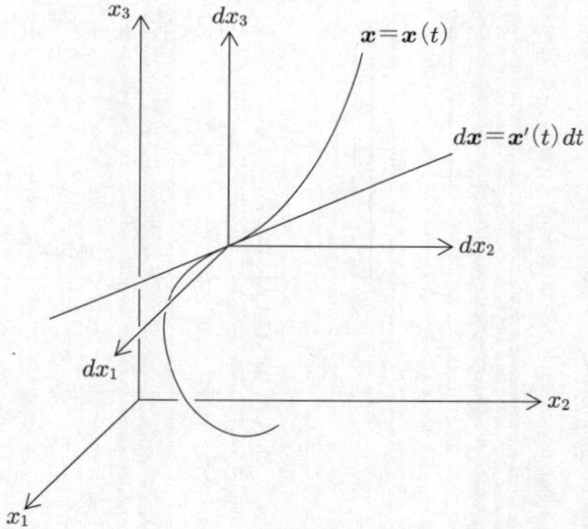

図 1.38

$$\operatorname{rank}\begin{bmatrix} x_1{}'(t) \\ x_2{}'(t) \\ x_3{}'(t) \end{bmatrix} = 1$$

のものを考える．このとき，微分

$$d\boldsymbol{x} = \boldsymbol{x}'(t)\,dt$$

は dt を媒介変数として，接線の式をあたえることになる．

同様に曲面は，

$$\begin{bmatrix} x_1 \\ x_2 \\ x_3 \end{bmatrix} = \begin{bmatrix} x_1(t_1, t_2) \\ x_2(t_1, t_2) \\ x_3(t_1, t_2) \end{bmatrix}$$

で，微分して，

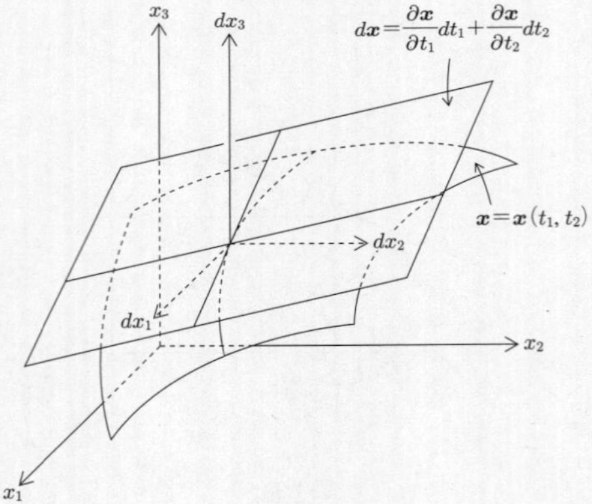

図 1.39

$$\begin{bmatrix} dx_1 \\ dx_2 \\ dx_3 \end{bmatrix} = \begin{bmatrix} \dfrac{\partial x_1}{\partial t_1} & \dfrac{\partial x_1}{\partial t_2} \\ \dfrac{\partial x_2}{\partial t_1} & \dfrac{\partial x_2}{\partial t_2} \\ \dfrac{\partial x_3}{\partial t_1} & \dfrac{\partial x_3}{\partial t_2} \end{bmatrix} \begin{bmatrix} dt_1 \\ dt_2 \end{bmatrix}$$

としたとき，

$$\operatorname{rank} \frac{d\boldsymbol{x}}{d\boldsymbol{t}} = 2$$

となるものと定義すればよい．ここで，

$$d\boldsymbol{x} = \boldsymbol{x}'(\boldsymbol{t})\, d\boldsymbol{t}$$

は，接平面の式になる．

ところが，ここで $\mathrm{rank}(d\boldsymbol{x}/d\boldsymbol{t})$ は $\boldsymbol{t}$ の関数であるので，ところによって，階数がさがることがあり，そこでは接空間を考えることができないことがありうる．

たとえば，円錐面

$$x = r\sin\alpha\cos\varphi,$$
$$y = r\sin\alpha\sin\varphi,$$
$$z = r\cos\alpha$$

では，接平面は，

$$\begin{bmatrix} dx \\ dy \\ dz \end{bmatrix} = \begin{bmatrix} \sin\alpha\cos\varphi & -r\sin\alpha\sin\varphi \\ \sin\alpha\sin\varphi & r\sin\alpha\cos\varphi \\ \cos\alpha & 0 \end{bmatrix} \begin{bmatrix} dr \\ d\varphi \end{bmatrix}$$

となり，$r \neq 0$ では

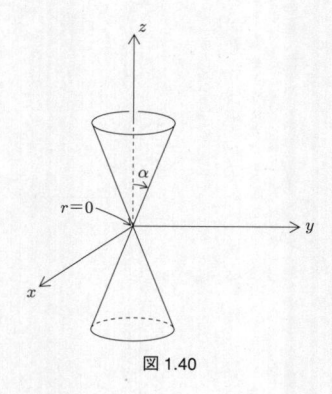

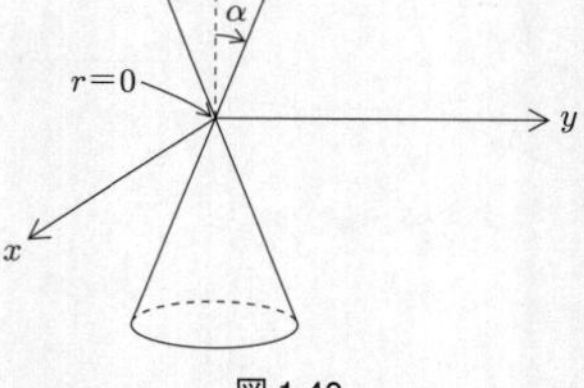

図 1.40

$$\operatorname{rank}\begin{bmatrix}\sin\alpha\cos\varphi & -r\sin\alpha\sin\varphi \\ \sin\alpha\sin\varphi & r\sin\alpha\cos\varphi \\ \cos\alpha & 0\end{bmatrix}=2$$

であるが，$r=0$ のところでは，階数が1になって，接平面が考えられない．その意味で，この点（この場合は円錐の頂点）のことを特異点という．

しかし，特異点というのは，媒介変数の入れ方によることになる．たとえば，球面

$$x=a\sin\theta\cos\varphi,$$
$$y=a\sin\theta\sin\varphi,$$
$$z=a\cos\theta$$

でいえば，接平面は

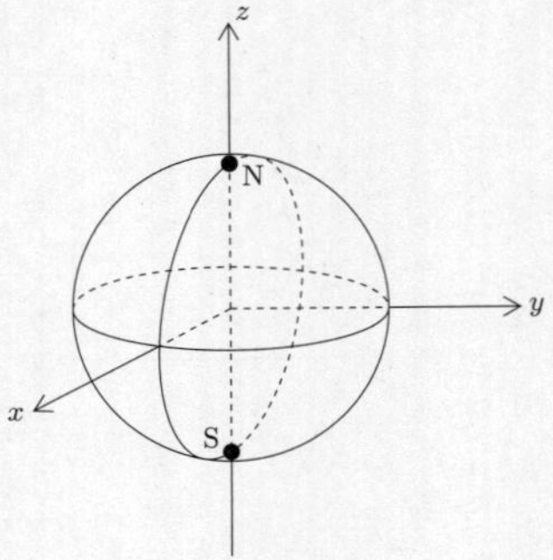

図 1.41

$$\begin{bmatrix} dx \\ dy \\ dz \end{bmatrix} = \begin{bmatrix} a\cos\theta\cos\varphi & -a\sin\theta\sin\varphi \\ a\cos\theta\sin\varphi & a\sin\theta\cos\varphi \\ -a\sin\theta & 0 \end{bmatrix} \begin{bmatrix} d\theta \\ d\varphi \end{bmatrix}$$

であり，$\sin\theta=0$ となる点，すなわち北極と南極以外では

$$\operatorname{rank} \begin{bmatrix} a\cos\theta\cos\varphi & -a\sin\theta\sin\varphi \\ a\cos\theta\sin\varphi & a\sin\theta\cos\varphi \\ -a\sin\theta & 0 \end{bmatrix} = 2$$

であるが，極では階数が1になる．ところが，球面そのものは均質であって，変数変換して，べつの点を極にえらべば，こんどは，その点が特異点になる．じつは，球面では，どんな座標の入れ方をしても，その座標に関する特異点ができる．このことは，常識的に考えると，球面に毛が生えているとき，その毛をねかせる（接平面上にのせる）と，かならずツムジができることにあたっている．このように，変数変換で影響を受けないようにするためには，座標の入れ方を局所的にして，つねに接平面がある場合だけを考え，それを変数変換でつないだものを考える．曲線や曲面の定義も，媒介変数で定義したのは局所的に座標を考えたことになっている．

このようにして定義された曲線や曲面，あるいはもっと一般的には，局所的に座標のはいった集合のことを，多様体といい，ふつうは特異点を考えない．しかし，円錐面の頂点の場合は，球面の場合とちがって，座標の入れ方のせ

いではない，特異点である．必要があれば，このように，特異点をもった多様体も考えていくことにする．

平面の極座標

$$x = \rho\cos\varphi,$$
$$y = \rho\sin\varphi$$

で，

$$\begin{bmatrix} dx \\ dy \end{bmatrix} = \begin{bmatrix} \cos\varphi & -\rho\sin\varphi \\ \sin\varphi & \rho\cos\varphi \end{bmatrix} \begin{bmatrix} d\rho \\ d\varphi \end{bmatrix}$$

となるので，$\rho = 0$ の点は，この座標の入れ方で特異点になる．これは，円錐面で，$\alpha \to \pi/2$ とした極限になっている．すなわち，平面上の極座標というのは，円錐面をひらたく，おしつぶしたものになっている．このとき，円錐面の上半部と下半部とが，2重になってくるので，ふつうは，$\rho > 0$ の部分だけ考えるのである．曲線の極表示では，$\rho < 0$ も考えることがあるが，これは，円錐面の下半部も考えているのにあたっている．

また，集合として同じでも，媒介変数の入れ方で，べつの多様体と考えることもある．直線

$$x = t,$$
$$y = t,$$
$$z = t$$

と，

$$x = t^3,$$
$$y = t^3,$$

$$z = t^3$$

とは，集合として同じだが，後者の接線は

$$\begin{bmatrix} dx \\ dy \\ dz \end{bmatrix} = \begin{bmatrix} 3t^2 \\ 3t^2 \\ 3t^2 \end{bmatrix} dt$$

であって，$t=0$ は特異点になる．これは，特異点をもつ多様体を考えた場合であるが，特異点のない場合でも，変数変換まで考えても，集合が同じで，べつの多様体になることがありうる．

3 次元空間で，直線や平面の表示法には，もうひとつ，陰関数による方法があった．

平面は，（図 1.42）

$$a_0 + a_1x_1 + a_2x_2 + a_3x_3 = 0,$$

直線は，（図 1.43）

$$a_0 + a_1x_1 + a_2x_2 + a_3x_3 = 0,$$
$$b_0 + b_1x_1 + b_2x_2 + b_3x_3 = 0$$

で表わすことができた．

ここで

$$\boldsymbol{a} = \begin{bmatrix} a_1 \\ a_2 \\ a_3 \end{bmatrix}, \quad \boldsymbol{b} = \begin{bmatrix} b_1 \\ b_2 \\ b_3 \end{bmatrix}$$

は，法線ベクトルになる．

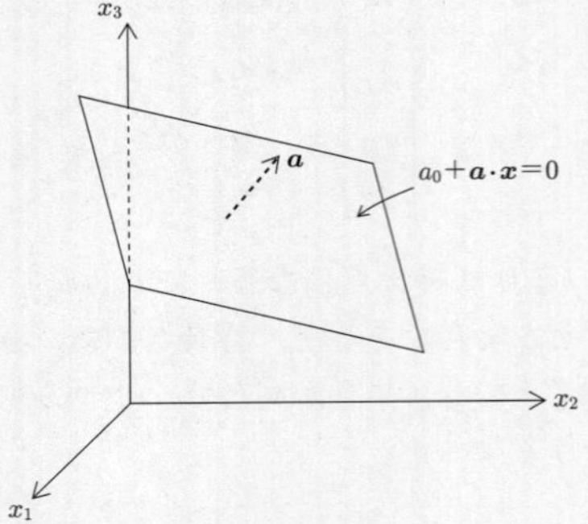
x_3
$\boldsymbol{a}$
$a_0+\boldsymbol{a}\cdot\boldsymbol{x}=0$
x_2
x_1

図 1.42

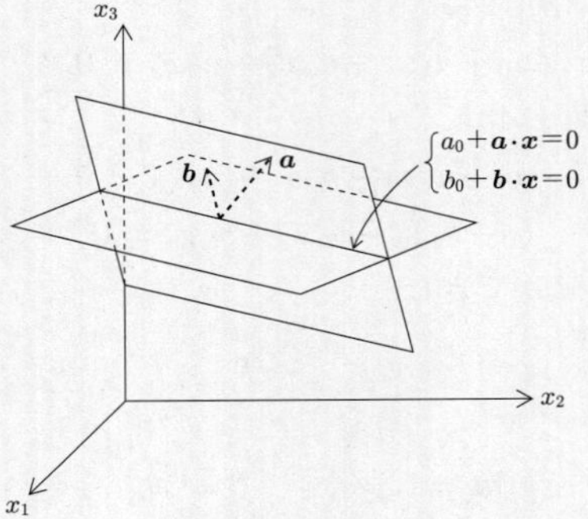
x_3
$a_0+\boldsymbol{a}\cdot\boldsymbol{x}=0$
$b_0+\boldsymbol{b}\cdot\boldsymbol{x}=0$
$\boldsymbol{b}$
$\boldsymbol{a}$
x_2
x_1

図 1.43

ただし，ここでも，条件が必要なわけで，平面では

$$\operatorname{rank}\begin{bmatrix} a_1 & a_2 \end{bmatrix} = 1,$$

直線では

$$\operatorname{rank}\begin{bmatrix} a_1 & a_2 \\ b_1 & b_2 \end{bmatrix} = 2$$

でなければならなかった．

これを一般化すると，曲面や曲線の陰関数表示がえられることになる．

まず，

$$f\,(x_1, x_2, x_3) = 0$$

で，

$$\operatorname{rank}\begin{bmatrix} \dfrac{\partial f}{\partial x_1} & \dfrac{\partial f}{\partial x_2} & \dfrac{\partial f}{\partial x_3} \end{bmatrix} = 1$$

のとき，曲面といい，

$$\begin{bmatrix} \dfrac{\partial f}{\partial x_1} & \dfrac{\partial f}{\partial x_2} & \dfrac{\partial f}{\partial x_3} \end{bmatrix}\begin{bmatrix} dx_1 \\ dx_2 \\ dx_3 \end{bmatrix} = 0$$

を接平面という．ここで，$\mathbf{grad}\, f$ が法線ベクトルになる (図 1.44)．

同じく，

$$f_1\,(x_1, x_2, x_3) = 0,$$
$$f_2\,(x_1, x_2, x_3) = 0$$

において

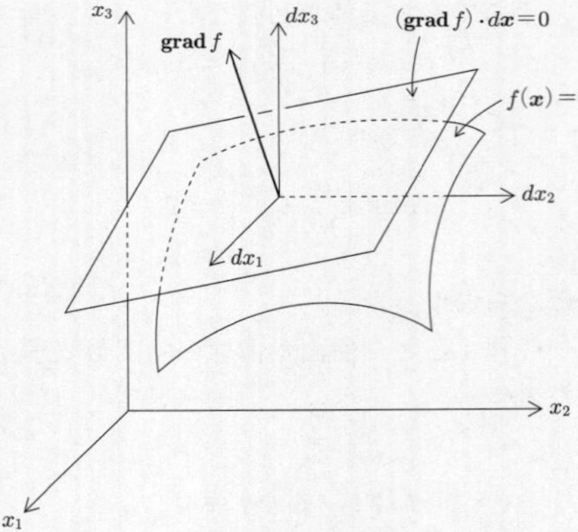

図 1.44

$$\operatorname{rank}\begin{bmatrix}\dfrac{\partial f_1}{\partial x_1} & \dfrac{\partial f_1}{\partial x_2} & \dfrac{\partial f_1}{\partial x_3} \\ \dfrac{\partial f_2}{\partial x_1} & \dfrac{\partial f_2}{\partial x_2} & \dfrac{\partial f_2}{\partial x_3}\end{bmatrix} = 2$$

のとき，曲線といい，

$$\begin{bmatrix}\dfrac{\partial f_1}{\partial x_1} & \dfrac{\partial f_1}{\partial x_2} & \dfrac{\partial f_1}{\partial x_3} \\ \dfrac{\partial f_2}{\partial x_1} & \dfrac{\partial f_2}{\partial x_2} & \dfrac{\partial f_2}{\partial x_3}\end{bmatrix}\begin{bmatrix}dx_1 \\ dx_2 \\ dx_3\end{bmatrix} = 0$$

を接線という．

この陰関数による定義と，媒介変数による定義とは，特異点の問題をのぞいては，関数関係の定理によって，相互に移行しうる．

ここでも，階数のさがる点を特異点といい，それをふくむ場合を考えねばならないことがある．

たとえば，円錐面は陰関数表示では

$$x^2\cos^2\alpha+y^2\cos^2\alpha-z^2\sin^2\alpha=0$$

となって，接平面は，

$$[2x\cos^2\alpha \quad 2y\cos^2\alpha \quad -2z\sin^2\alpha]\begin{bmatrix} dx \\ dy \\ dz \end{bmatrix}=0$$

となって，この場合も頂点が特異点になる．

これにたいして，球面

$$x^2+y^2+z^2-a^2=0$$

では，接平面は，

$$[2x \quad 2y \quad 2z]\begin{bmatrix} dx \\ dy \\ dz \end{bmatrix}=0$$

で，球面上の各点は特異点でない．

しかし，これと同じ集合

$$(x^2+y^2+z^2-a^2)^2=0$$

では，

$$[2x\,(x^2+y^2+z^2-a^2) \quad 2y\,(x^2+y^2+z^2-a^2) \quad 2z\,(x^2+y^2+z^2-a^2)\,]\begin{bmatrix} dx \\ dy \\ dz \end{bmatrix}=0$$

で，すべての点が特異点になる．これは，球面を2重に考えたもの（4次曲面の特別のもの）と考えて，ふつうの球面と区別しなければならないことになる．このように，このときも，陰関数 $\boldsymbol{f}$ のあたえ方によって，多様体が定まるのである．

12. 多様体上の関数

今までに，多変数関数，すなわちn次元ユークリッド空間上の関数を考えてきた．もっと一般に，n次元の多様体の上で定義された関数が考えられる．ここで考えているのは，ユークリッド空間の中の多様体，曲線や曲面の場合であるが，それでも，その曲線や曲面をひとつの空間と考えて，その上の関数という立場で考えていく．

ここで，その多様体が媒介変数表示されている場合には，

$$\boldsymbol{x}=\boldsymbol{x}(\boldsymbol{t})$$

上の関数

$$y=y(\boldsymbol{x})$$

については，

$$y=y(\boldsymbol{x}(\boldsymbol{t}))$$

と考えればよいので，媒介変数$\boldsymbol{t}$の関数についての議論ですむ．問題は，陰関数表示の場合である．すなわち，

$$\boldsymbol{f}(\boldsymbol{x})=0$$

で定義された関数

$$y=y(\boldsymbol{x})$$

についての議論である．

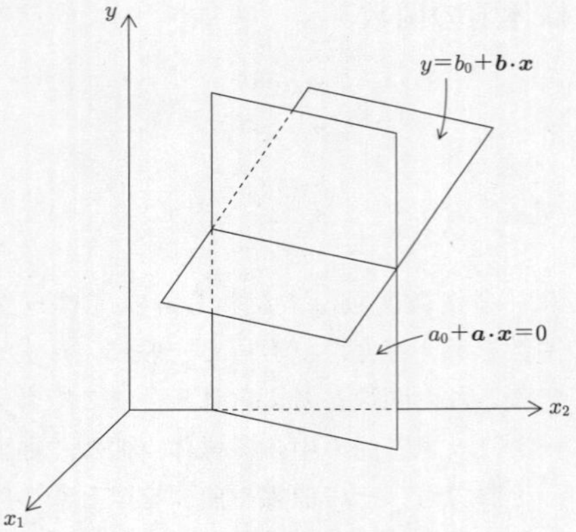

図 1.45

この場合も，1 次式の場合をしらべることから始めよう．2 次元空間内の直線

$$a_0 + a_1 x_1 + a_2 x_2 = 0$$

上で定義された関数

$$y = b_0 + b_1 x_1 + b_2 x_2$$

を考える．

これは，3 次元空間にグラフをかけば，y 軸に平行な平面

$$a_0 + a_1 x_1 + a_2 x_2 = 0$$

上に，平面

$$y = b_0 + b_1 x_1 + b_2 x_2$$

との交わりの直線が，グラフとなってあらわれる（図

1.45)．このことは，直線上で定義された1次関数のグラフが直線になる，という一般的事実を意味している．

この関数が定数であるということは，この直線が水平であることであり，その条件は，この直線が水平な平面

$$y = c$$

に含まれることであり，結局3つの平面

$$\begin{aligned} a_0 + a_1 x_1 + a_2 x_2 &= 0, \\ b_0 + b_1 x_1 + b_2 x_2 - y &= 0, \\ c \qquad\qquad\qquad - y &= 0 \end{aligned}$$

が直線を共有することになる．これは，平面 $y=c$ 上で

$$\begin{aligned} a_0 + a_1 x_1 + a_2 x_2 &= 0, \\ (b_0 - c) + b_1 x_1 + b_2 x_2 &= 0 \end{aligned}$$

が一致するような c の存在すること，

$$a_1 : a_2 = b_1 : b_2,$$

すなわち

$$\operatorname{rank} \begin{bmatrix} a_1 & a_2 \\ b_1 & b_2 \end{bmatrix} = 1$$

が条件になる．

このことを一般化しよう．

曲線

$$f(x_1, x_2) = 0$$

上での関数

$$y = y(x_1, x_2)$$

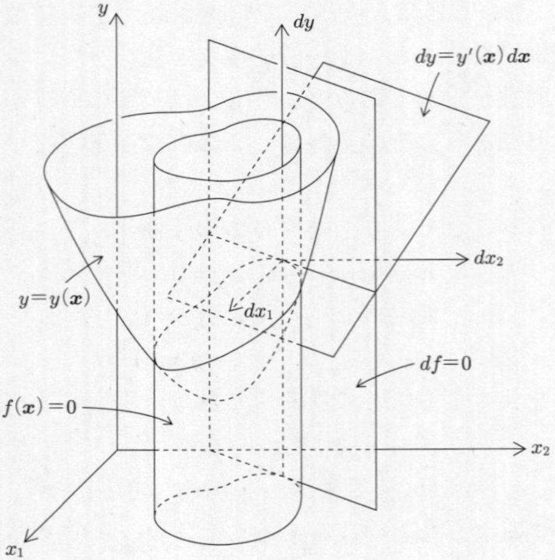

図 1.46

が定常になる条件を求めよう（図 1.46）．それには，微分して 1 次化すると，接線

$$\frac{\partial f}{\partial x_1}dx_1+\frac{\partial f}{\partial x_2}dx_2=0$$

上で，1 次関数

$$dy=\frac{\partial y}{\partial x_1}dx_1+\frac{\partial y}{\partial x_2}dx_2$$

が定数になる条件を考えればよい．すなわち，

$$\mathrm{rank}\begin{bmatrix}\dfrac{\partial f}{\partial x_1} & \dfrac{\partial f}{\partial x_2}\\ \dfrac{\partial y}{\partial x_1} & \dfrac{\partial y}{\partial x_2}\end{bmatrix}=1$$

が条件になる．ただし，ここで $f(\boldsymbol{x})=0$ が曲線であることから，

$$\mathrm{rank}\begin{bmatrix}\dfrac{\partial f}{\partial x_1} & \dfrac{\partial f}{\partial x_2}\end{bmatrix}=1$$

であり，このことは，定数 λ があって，

$$\begin{bmatrix}\dfrac{\partial}{\partial x_1}(\lambda f+y) & \dfrac{\partial}{\partial x_2}(\lambda f+y)\end{bmatrix}=[0\quad 0]$$

といってもよい．

ふつう，古典的に，ラグランジュの定数法として知られている，$\boldsymbol{f}(\boldsymbol{x})=\boldsymbol{0}$ の条件下での $y=y(\boldsymbol{x})$ の極値をさがす方法がこれである．ただし，ここで $\boldsymbol{f}$ の階数がさがるとき，すなわち $\boldsymbol{f}(\boldsymbol{x})=\boldsymbol{0}$ の特異点については，この方法は無力である．

より厳密な証明をするには，陰関数の定理を用いねばならない．いま

$$\frac{\partial f}{\partial x_1}\neq 0$$

として，$f(\boldsymbol{x})=0$ を x_1 についてとき，

$$x_1=\widetilde{x}_1(x_2)$$

とすると，

$$\widetilde{y}(x_2)=y(\widetilde{x}_1(x_2),x_2)$$

の定常性をしらべればよい．それは

$$\frac{d\widetilde{y}}{dx_2} = \frac{\partial y}{\partial x_1}\frac{d\widetilde{x}_1}{dx_2} + \frac{\partial y}{\partial x_2}$$

が0になることである．ところで

$$f\left(\widetilde{x}_1\left(x_2\right), x_2\right) = 0$$

より，

$$\frac{\partial f}{\partial x_1}\frac{\partial \widetilde{x}_1}{\partial x_2} + \frac{\partial f}{dx_2} = 0$$

である．すなわち，

$$\begin{bmatrix} \dfrac{\partial f}{\partial x_1} & \dfrac{\partial f}{\partial x_2} \\ \dfrac{\partial y}{\partial x_1} & \dfrac{\partial y}{\partial x_2} \end{bmatrix} \begin{bmatrix} \dfrac{\partial \widetilde{x}_1}{\partial x_2} \\ 1 \end{bmatrix} = \begin{bmatrix} 0 \\ 0 \end{bmatrix}$$

であって，行列の階数は1でなければならない．

この議論は一般化できて

［定理］　$n-m$ 次元の多様体

$$f_1\left(x_1, \cdots, x_n\right) = 0,$$
$$f_2\left(x_1, \cdots, x_n\right) = 0,$$
$$\cdots\cdots\cdots$$
$$f_m\left(x_1, \cdots, x_n\right) = 0$$

上で定義された関数

$$y = y\left(x_1, \cdots, x_n\right)$$

が，特異点でない点で定常になるための条件は，

$$\operatorname{rank}\begin{bmatrix} \dfrac{\partial f_1}{\partial x_1} & \cdots & \dfrac{\partial f_1}{\partial x_n} \\ \vdots & & \vdots \\ \dfrac{\partial f_m}{\partial x_1} & \cdots & \dfrac{\partial f_m}{\partial x_n} \\ \dfrac{\partial y}{\partial x_1} & \cdots & \dfrac{\partial y}{\partial x_n} \end{bmatrix} = m$$

であることである．

古典的な形式で書けば，$\lambda_1, \lambda_2, \cdots, \lambda_m$ があって

$$\frac{\partial}{\partial x_i}(\lambda_1 f_1 + \lambda_2 f_2 + \cdots + \lambda_m f_m + y) = 0$$

ということになる．

ここで，この式は $\mathbf{grad}\, y$ が，$\mathbf{grad}\, f_1$, $\mathbf{grad}\, f_2, \cdots$, $\mathbf{grad}\, f_m$ からはられた部分ベクトル空間にはいることを意味するが，$\boldsymbol{f}(\boldsymbol{x}) = \mathbf{0}$ の接空間は，

$$(\mathbf{grad}\, f_i) \cdot d\boldsymbol{x} = 0$$

であるから，結局，この条件は，$\mathbf{grad}\, y$ が $\boldsymbol{f}(\boldsymbol{x}) = \mathbf{0}$ の接空間に直交すること，といってもよい．これは，接空間に沿って $\mathbf{grad}\, y$ が定常になることを意味している．すなわち，多様体の1次化である接空間で考えて，1次化した変化率である $\mathbf{grad}\, y$ が $\mathbf{0}$ ということで，定常が条件づけられているのである．

例として，

$$yz + zx + xy = 3a^2, \qquad a > 0, \quad x, y, z \geqq 0$$

上での，

$$w(x, y, z) = xyz$$

の最大値を求めてみよう．

この関数は，$w \geqq 0$ であって，$w = 0$ となるのは，境界の $xyz = 0$ のところである．また，この曲面は特異点をもたない．そこで，境界以外の点で，

$$\frac{\partial}{\partial x}\Big(\lambda(yz + zx + xy - 3a^2) + xyz\Big) = 0$$

から，

$$\lambda(y + z) + yz = 0,$$

すなわち

$$\frac{1}{y} + \frac{1}{z} + \frac{1}{\lambda} = 0$$

となる．同様に，

$$\frac{1}{z} + \frac{1}{x} + \frac{1}{\lambda} = 0,$$

$$\frac{1}{x} + \frac{1}{y} + \frac{1}{\lambda} = 0$$

となって，これらと，はじめの条件から，

$$x = y = z = a$$

をうる．このとき，w は極値をとり，最大値は a^3 である．

重要な例として，とくに2次関数の場合をしらべよう．それは，線型代数のことばでいうと，2次形式論になる．

まず，閉じた2次曲線（楕円）

$$[x_1 \quad x_2]\begin{bmatrix} a_{11} & a_{12} \\ a_{21} & a_{22} \end{bmatrix}\begin{bmatrix} x_1 \\ x_2 \end{bmatrix} = 1,$$

すなわち,

$$\boldsymbol{Ax}\cdot\boldsymbol{x} = 1$$

上で考える．ここで，閉じているためには，真に正値であること,

$$\begin{vmatrix} a_{11} & a_{12} \\ a_{21} & a_{22} \end{vmatrix} > 0, \qquad a_{22} > 0$$

という条件が必要になる．

ここで，1次関数

$$y = b_1x_1 + b_2x_2,$$

すなわち,

$$y = \boldsymbol{b}\cdot\boldsymbol{x}$$

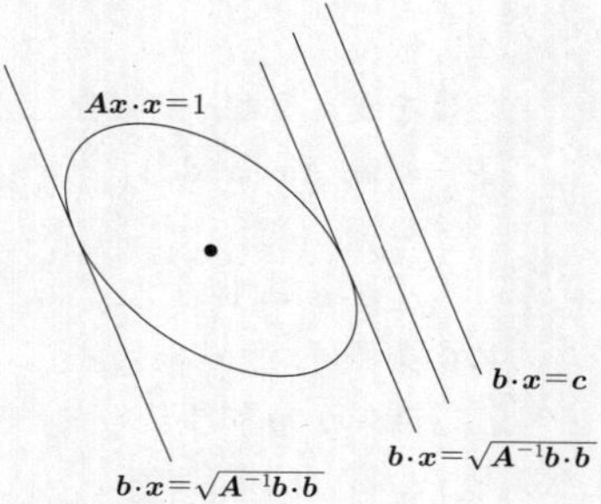

図 1.47

の極値を求める．

そのためには，

$$\frac{d}{d\boldsymbol{x}}\Big(\lambda\,(\boldsymbol{Ax}\cdot\boldsymbol{x}-1)+\boldsymbol{b}\cdot\boldsymbol{x}\Big)=0,$$

すなわち，

$$2\lambda\boldsymbol{Ax}+\boldsymbol{b}=0$$

をとけばよい．このとき，

$$2\lambda\,(\boldsymbol{Ax}\cdot\boldsymbol{x})+\boldsymbol{b}\cdot\boldsymbol{x}=0,\qquad \boldsymbol{Ax}\cdot\boldsymbol{x}=1$$

より，

$$\boldsymbol{b}\cdot\boldsymbol{x}=-2\lambda$$

となる．ところで，

$$-2\lambda\boldsymbol{x}=\boldsymbol{A}^{-1}\boldsymbol{b}$$

より，

$$(-2\lambda)^2\boldsymbol{Ax}\cdot\boldsymbol{x}=\boldsymbol{A}\,(\boldsymbol{A}^{-1}\boldsymbol{b})\cdot(\boldsymbol{A}^{-1}\boldsymbol{b})=\boldsymbol{A}^{-1}\boldsymbol{b}\cdot\boldsymbol{b}$$

となるので，このとき，

$$\boldsymbol{b}\cdot\boldsymbol{x}=\pm\sqrt{\boldsymbol{A}^{-1}\boldsymbol{b}\cdot\boldsymbol{b}}$$

が求める極値になる．

このことは，ことばを変えると，凸集合

$$\boldsymbol{P}=\{\boldsymbol{x};\boldsymbol{Ax}\cdot\boldsymbol{x}\leqq 1\}$$

と，直線

$$\boldsymbol{y}\cdot\boldsymbol{x}=1$$

とが交わらないための条件は，

$$\boldsymbol{A}^{-1}\boldsymbol{y}\cdot\boldsymbol{y}\leqq 1$$

であることを意味している．凸集合

$$\boldsymbol{Q}=\{\boldsymbol{y};\boldsymbol{A}^{-1}\boldsymbol{y}\cdot\boldsymbol{y}\leqq 1\}$$

を考えると，

$$\boldsymbol{Q} = \{\boldsymbol{y}; |\boldsymbol{x}\cdot\boldsymbol{y}| \leqq 1 \ \ (\boldsymbol{x} \in \boldsymbol{P})\}$$

となっている．このとき，$\boldsymbol{P}$ と $\boldsymbol{Q}$ とは双対的である，といわれ，この2次凸集合の間の双対性が成立する，ということは，2次凸集合の基本的な性質のひとつになっている．

こんどは，2次関数

$$y = [x_1 \quad x_2]\begin{bmatrix} b_{11} & b_{12} \\ b_{21} & b_{22} \end{bmatrix}\begin{bmatrix} x_1 \\ x_2 \end{bmatrix},$$

すなわち，

$$y = \boldsymbol{B}\boldsymbol{x}\cdot\boldsymbol{x}$$

の極値を考えよう．これは，

$$\frac{d}{d\boldsymbol{x}}(\lambda\boldsymbol{A}\boldsymbol{x}\cdot\boldsymbol{x} + \boldsymbol{B}\boldsymbol{x}\cdot\boldsymbol{x}) = \boldsymbol{0},$$

すなわち，

$$\lambda\boldsymbol{A}\boldsymbol{x} + \boldsymbol{B}\boldsymbol{x} = \boldsymbol{0}$$

を考えればよい．それには，

$$\det(\lambda\boldsymbol{A} + \boldsymbol{B}) = 0$$

となる λ をもとめ，それにたいする $\boldsymbol{x}$ を求めればよい．このとき，

$$\lambda(\boldsymbol{A}\boldsymbol{x}\cdot\boldsymbol{x}) + \boldsymbol{B}\boldsymbol{x}\cdot\boldsymbol{x} = 0$$

より，

$$\boldsymbol{B}\boldsymbol{x}\cdot\boldsymbol{x} = -\lambda$$

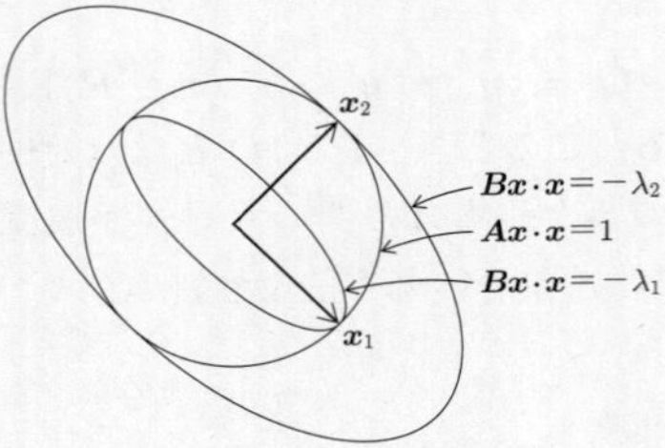

図 1.48

が極値になる．この λ（ふつうは，符号を変えた $-\lambda$ の方）を，A に関する λ の固有値といい，対応する x を固有ベクトルという．これは，いわゆる固有値問題の原型である．$Ax \cdot x = 1$ が単位球面のときを考えると，これは，2 次曲線 $Bx \cdot x = 1$ の主軸を考えていることになる（図 1.48）．この意味で，古典的な 2 次曲線の主軸問題というのは，2 次関数の極値問題の一部分と考えられる．

これらの議論で，次元は本質的にきいていないから，もっと一般の n 次元の 2 次多様体でも，これらの議論は成立する．

［練習問題］

1）　$xyz \geqq 0$

$$x + y + z = 3a \qquad a > 0$$

上で，

$$w = xyz$$

の最大値を求めよ．

2） $[x_1 \quad x_2]\begin{bmatrix}2 & 1\\1 & 1\end{bmatrix}\begin{bmatrix}x_1\\x_2\end{bmatrix}=1$ 上で，次の関数の極値を求めよ．

i ） $y=[2 \quad 3]\begin{bmatrix}x_1\\x_2\end{bmatrix}$

ii ） $y=[2 \quad 0]\begin{bmatrix}x_1\\x_2\end{bmatrix}$

iii） $y=[x_1 \quad x_2]\begin{bmatrix}1 & 2\\2 & 1\end{bmatrix}\begin{bmatrix}x_1\\x_2\end{bmatrix}$

iv） $y=[x_1 \quad x_2]\begin{bmatrix}2 & 1\\1 & 2\end{bmatrix}\begin{bmatrix}x_1\\x_2\end{bmatrix}$

v ） $y=[x_1 \quad x_2]\begin{bmatrix}-1 & 1\\1 & -1\end{bmatrix}\begin{bmatrix}x_1\\x_2\end{bmatrix}$

第 2 章

多変数の積分

1. 積分の概念

正比例関数

$$Y = aX$$

では，a と X から，Y を求めることができる．一般の関数

$$y = y(x)$$

のとき，微分して正比例関数

$$dy = y'(x)\,dx$$

になったが，これは局所的な問題であって，これをつなぎ合わせて，大局的な変化をしらべよう，というのが積分の問題になる．

ここでも，1変数の場合をしらべておいて，その形が多変数の場合にどうなるかを考えていこう．

まず，区分的に1次の関数からしらべる．水をためる問題を例にとろう．

まず等速 $a_0\,\ell$/秒 で水を出し，x_1 秒たったとき，さらに $a_1\,\ell$/秒 の栓をひねり，合わせて $(a_0+a_1)\,\ell$/秒 の速度で水を出す．さらに，x_2 秒になったとき，$a_2\,\ell$/秒 の栓をひねる，というようにする．式で書けば，たまる水量 $y\,\ell$ は，

$0 \leqq x < x_1$ のとき,

$$y = a_0 x,$$

$x_1 \leqq x < x_2$ のとき

$$\begin{aligned} y &= a_0 x + a_1(x - x_1) \\ &= a_0 x_1 + (a_0 + a_1)(x - x_1), \end{aligned}$$

$x_2 \leqq x < x_3$ のとき

$$\begin{aligned} y &= a_0 x + a_1(x - x_1) + a_2(x - x_2) \\ &= a_0 x_1 + (a_0 + a_1)(x_2 - x_1) \\ &\qquad + (a_0 + a_1 + a_2)(x - x_2) \end{aligned}$$

というようになる.

水量 $y\,\ell$ を面積で表示して，図に書けば，図 2.1 となる.

また，ふつうの x 秒と $y\,\ell$ のグラフに書けば，図 2.2 となる.

この場合，それぞれの等速な部分の水量を，たし合わせればよいことになっている.

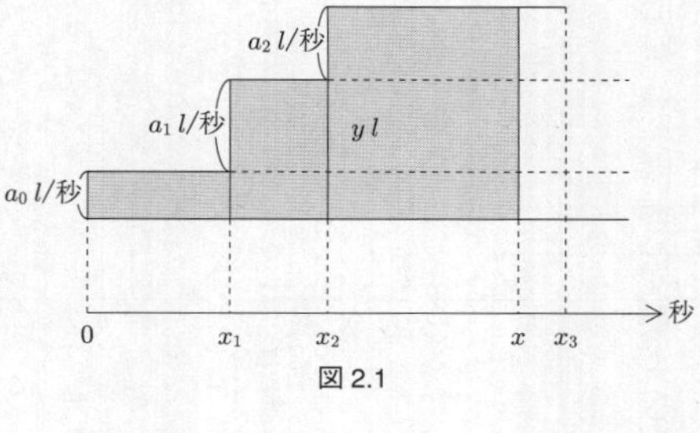

図 2.1

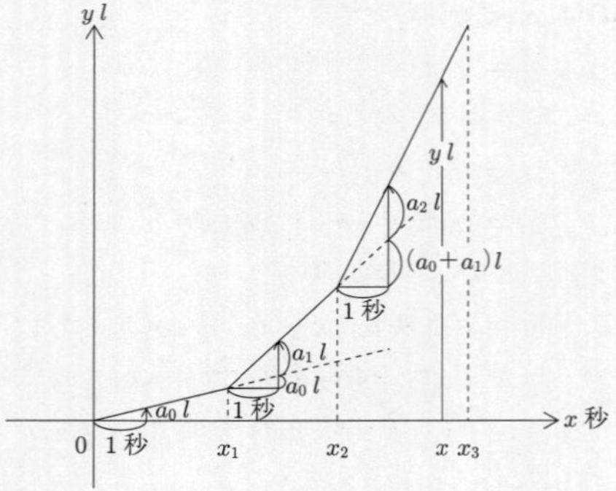

図 2.2

こんどは，1 つが $a\,\ell$/秒 の栓がならんでいて，1 秒ごとに 1 つずつひねっていく場合を考えよう．図示すれば，

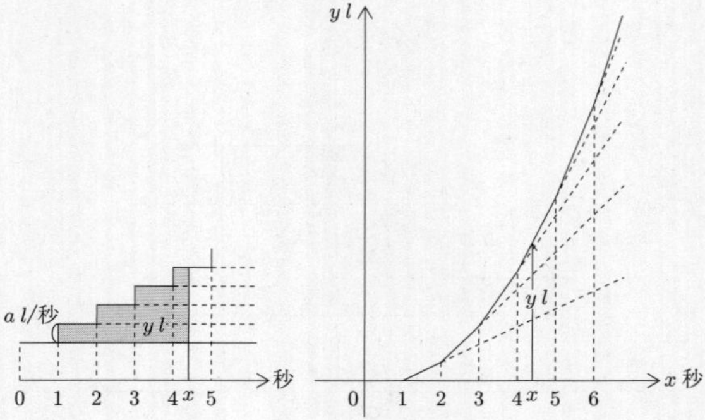

図 2.3

となる.

ここで，加速する回数を無限にこまかくした極限（滝の白糸は水芸とゴザーイ）を考えれば，等加速度 $a\,\ell$/秒/秒の変化が考えられる（図 2.4）.

このとき，水量 $y\,\ell$ は 3 角形の面積であたえられるから，

$$y=\frac{1}{2}ax^2$$

であり，速度は，

$$y'=ax$$

になっている．落体の法則というのは，つねに重力が一定の力を加え（栓をひねるようなもの），一定の加速を行なっているわけであるから，まさにこのモデルと同じことである.

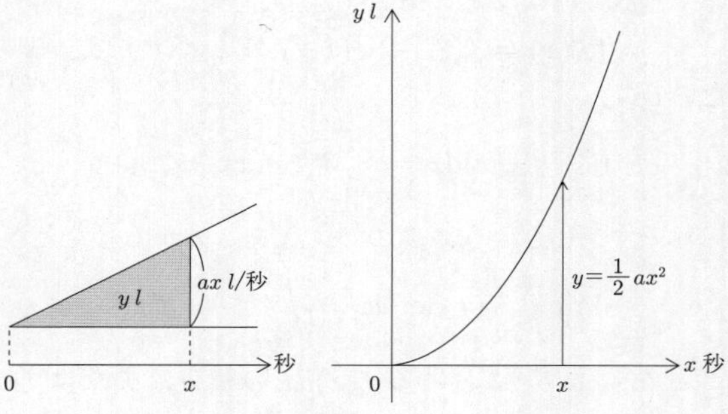

図 2.4

一般に，導関数 $y'(x)$ があたえられているとき，局所的の変化は $y'(x)dx$ であり，これを $[a,b]=\{x; a \leqq x \leqq b\}$ の間で区分的一次な関数で近似すると，

$$\sum_i y'(x_i)(x_i - x_{i-1})$$

がえられる．そこで，この極限として考えられたもの

$$\int_{[a,b]} y'(x)dx = \lim \sum_i y'(x_i)(x_i - x_{i-1})$$

のことを，区間 $[a,b]$ 上の $y'(x)dx$ の積分，または $y'(x)$ の dx による積分という（図 2.5）．

不連続な関数までも，一般化する必要があるので，これは，ふつう次のように定式化されている．

$[a,b]$ で定義された有界関数 $f(x)$ があるとき，分割

$$\Delta : a = x_0 \leqq \xi_1 \leqq x_1 \leqq \xi_2 \leqq x_2 \leqq \cdots \leqq x_n = b$$

を考え，区分的に一定な関数

$$f_\Delta(x) = f(\xi_i) \qquad (x_{i-1} \leqq x < x_i)$$

にたいして，

$$\int_{[a,b]} f_\Delta(x)dx = \sum_{i=1}^{n} f(\xi_i)(x_i - x_{i-1})$$

を，リーマン和という．ここで，Δ をこまかくしたとき，

$$\lim_\Delta \int_{[a,b]} f_\Delta(x)dx = \int_{[a,b]} f(x)dx$$

のことを，$[a,b]$ における $f(x)dx$ の積分，または $f(x)$ の dx による積分という．

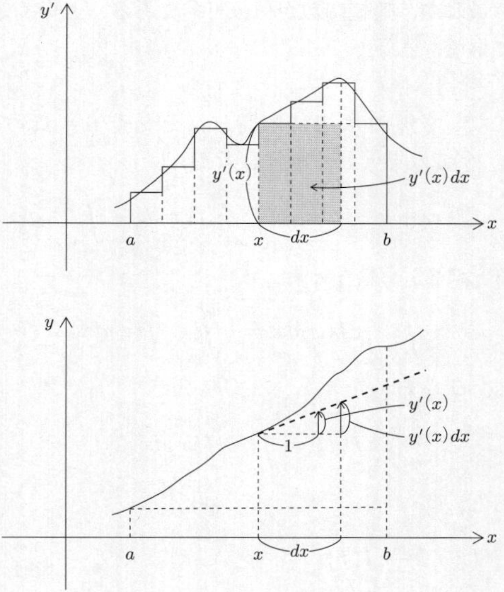

図 2.5

この部分の論理的な説明は，ここでは省略するが，スジだけ書いておくと，つぎのようになる．

f が f_Δ で近似可能なとき，すなわち，

$$\lim_{\Delta} f_\Delta = f$$

のときは，この極限の積分が定義できる．そして，とくに f が連続関数のときは，いつでも f_Δ で近似することがで

きる．これが，連続関数が積分可能である，という定理のスジである．

ここで，2種の水槽に同時に，それぞれ，$f(x)\,\ell/$秒，$g(x)\,\ell/$秒 で水を入れる場合を考えれば

$$\int_{[a,b]}(f(x)+g(x))dx=\int_{[a,b]}f(x)dx+\int_{[a,b]}g(x)dx$$

となる．また，c 倍すると，

$$\int_{[a,b]}cf(x)dx=c\int_{[a,b]}f(x)dx$$

となる．すなわち，

$$I(f)=\int_{[a,b]}f(x)dx$$

とすると，

$$I: f\longmapsto I(f),$$
$$I(f+g)=I(f)+I(g),\qquad I(cf)=cI(f)$$

は1次性をもっている．このことは，形式的な定義からも，もちろんみちびくことができる．

また，加速や減速を考えれば，$f(x)$ は負になることもあるが，

$$f(x)\geqq 0\quad \text{ならば}\quad \int_{[a,b]}f(x)dx\geqq 0,$$

すなわち

$$f\geqq 0\quad \text{なら}\quad I(f)\geqq 0$$

という性質をもっている.

このことから,

$$f-g \geqq 0 \quad ならば \quad I(f-g) \geqq 0,$$

すなわち

$$f \geqq g \quad ならば \quad I(f) \geqq I(g)$$

となる. この性質をもつので, I を f の正1次関数であるという.

これから, $|f|(x)=|f(x)|$ として

$$|I(f)| \leqq I(|f|)$$

となる. なぜならば,

$$-|f| \leqq f \leqq |f|$$

より,

$$-I(|f|) \leqq I(f) \leqq I(|f|)$$

となるからである.

2. 測度

いま，積分の概念を導入するために，水の蓄積現象からはじめたが，もっと一般的に扱うために，密度の場合を考えよう．

均質な針金があって，線密度が a g/cm のとき，X cm の区間 B の質量は aX g であった．

いま，一般に，均質でない針金の場合を考える．B の質量を $w(B)$ g, 長さを $m(B)$ cm とするとき，

$$\frac{w(B)}{m(B)}\ \mathrm{g/cm}$$

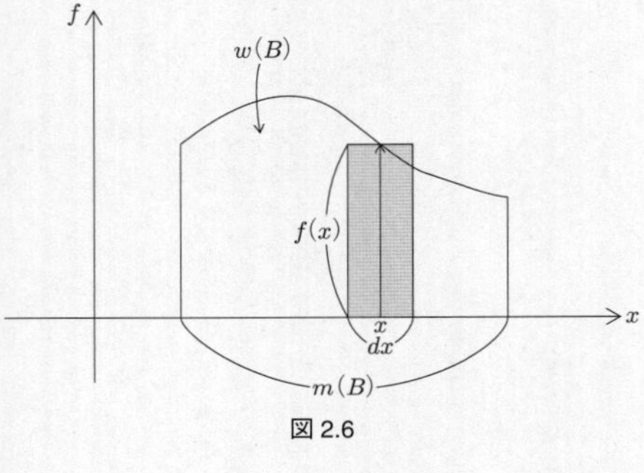

図 2.6

は，B の部分が均質と想定したときの線密度，すなわち平均密度である．点 x をふくむ区間 B を考えて，それを縮小していった極限

$$f(x) = \lim_{B \to x} \frac{w(B)}{m(B)}$$

を，点 x における密度という．局所的に，この針金は，

$$dw = f(x)dx$$

という質量をもっている，と考えるわけである．

この場合，面積表示すると図 2.6 のようになる．

そこで，$[a, b]$ 上で $f(x)dx$ を積分すれば，

$$w([a, b]) = \int_{[a,\, b]} f(x)dx.$$

とくに，$f = 1$ の場合を考えて，

$$m([a, b]) = \int_{[a,\, b]} dx$$

である．

この考えを使って，積分の概念を一般化しておこう．

$[a, b] \supset A$ にたいして，

$$\varphi_A(x) = \begin{cases} 1 & (x \in A) \\ 0 & (x \notin A) \end{cases}$$

という関数を考える．

$$m(A) = \int_{[a,\, b]} \varphi_A(x)dx$$

が存在するとして，

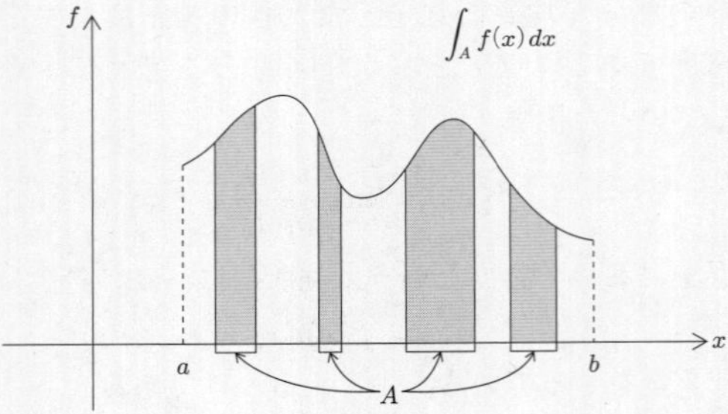

図 2.7

$$\int_A f(x)dx = \int_{[a,b]} f(x)\varphi_A(x)dx$$

のことを，$f(x)dx$ の（または $f(x)$ の dx による）A における積分という（図 2.7）．f が連続関数であれば，これは定義することができる．それは，$m(A)$ の存在から，不連続になる断崖があまりひどくは存在しないことによっている（このあたりも，メンドクサイから細かい議論は省略する）．

いままで，有界な集合の上の有界な（連続）関数を主要な対象にしてきたが，有界でない集合 A の上や，有界でない関数 f の場合も考えることがある．ただし，f が符号をいろいろ変える場合はヤッカイである．

$$f \geqq 0$$

のときには，$A \supset B$ となる有界集合で，B 上で f が有界になるものを考え，B をだんだん大きくして A に近づけ

ていったとき,

$$\int_A f(x)dx = \lim_{B \to A} \int_B f(x)dx = \sup_{A \supset B} \int_B f(x)dx$$

として，積分が定義できる．

さて,

$$A \cap B = \phi$$

ならば,

$$\varphi_{A \cup B} = \varphi_A + \varphi_B$$

である．したがって，当然なことではあるが,

$$\int_{A \cup B} f(x)dx = \int_A f(x)dx + \int_B f(x)dx,$$

すなわち

$$w(A \cup B) = w(A) + w(B)$$

が成立することになる．そして,

$$f \geqq 0 \quad ならば \quad \int_A f(x)dx \geqq 0,$$

すなわち

$$w(A) \geqq 0$$

となっている．

これらは，連続に密度が分布している場合であるが，1点 p に質量 c の質点があるだけの場合を考えると,

$$w(A) = \begin{cases} c & (p \in A) \\ 0 & (p \notin A) \end{cases}$$

としたとき，これも上と同じ性質をもっている．このよう

な性質をもつものを，一般に，測度という．

密度 $g(x)dx$ $(g \geqq 0)$ を用いて，f の $g(x)dx$ による積分を

$$I_g(f) = \int_{[a,b]} f(x)g(x)dx$$

の形に考えることもできる．このとき，

$$I_g : f \longmapsto I_g(f)$$

は，正1次関数になっている．同じく，点測度を考えると，

$$I_{p,c}(f) = f(p) \cdot c$$

として，正1次関数がえられる．

3. 微分と積分（1変数の場合）

§1と§2の例に見るように，微分と積分とは，相互に逆の関係として関連しあっている．そのことを，いくつかの形式で，定式化してみよう．

そのために，積分の定義を，少し変えておく．

今まで，$[a,b]$ での積分を考えてきたが，この区間を点集合としてだけ考えてきて，その方向を考えなかった．しかし，変数 x は正も負もとるもので，変化を考えるときには方向によって正負をつけねばならなかった．そのためには，有向線分を考えねばならない．有向線分については，

$$\overrightarrow{ba} = -\overrightarrow{ab}$$

のようにして，正負が考えられる．

そこで，$a \leqq b$ のとき

$$\int_{\overrightarrow{ab}} f(x)dx = \int_{[a,\,b]} f(x)dx,$$

$$\int_{\overrightarrow{ba}} f(x)dx = -\int_{[a,\,b]} f(x)dx$$

と定義しよう．ふつうは，これを，

$$\int_{\overrightarrow{ab}} f(x)dx = \int_a^b f(x)dx$$

のように書く．

そうすると，a, b の大小にかかわらず

$$\int_a^b dx = b-a$$

は有向距離であり，それにたいして，

$$\int_A dx = m(A)$$

の方は，絶対値としての A の長さである．

このようにしておくと

$$\int_a^b f(x)dx = -\int_b^a f(x)dx,$$

さらに一般化して，

$$\int_{a_1}^{a_2} f(x)dx + \int_{a_2}^{a_3} f(x)dx$$

$$+\cdots+\int_{a_{n-1}}^{a_n} f(x)dx + \int_{a_n}^{a_1} f(x)dx = 0$$

となる．

ここで

［定理］ 1） $f(x)$ が連続関数のとき

$$g(x) = \int_a^x f(x)dx$$

とすると，

$$g'(x) = f(x).$$

2）　$g'(x)$ が連続のとき

$$\int_a^b g'(x)dx = g(b) - g(a).$$

［証明］　1）　　$|f(x) - f(b)| \leqq \varepsilon$

とするとき，

$$\left| \frac{g(x) - g(b)}{x - b} - f(b) \right| = \left| \frac{\int_b^x f(x)dx - \int_b^x f(b)dx}{x - b} \right|$$

$$\leqq \left| \frac{\int_b^x |f(x) - f(b)|\, dx}{x - b} \right|$$

$$\leqq \varepsilon.$$

2）　$$\int_a^x g'(x)dx = h(x)$$

とすると，

$$h'(x) = g'(x),$$

したがって $h(x) - g(x)$ は定数となり，

$$g(b) - g(a) = h(b) - h(a) = h(b).$$　〈証明おわり〉

この定理を使って，§1 と §2 の定式化を考えてみよう．

まず，

$$x \longmapsto y = y(x)$$

を微分すると，局所的変化

$$dx \longmapsto dy = y'(x)dx$$

$f'(x)=0$ ならば，f が定数であることの証明

ふつう，これをゲンミツに証明するのには，平均値の定理を用いる．直接的には，次のようにいってもよい．

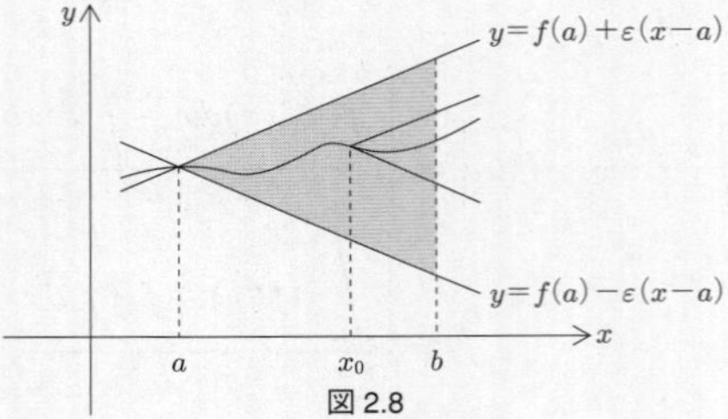

図 2.8

任意の $\varepsilon>0$ にたいして

$$\lim_{x\to x_0}\frac{f(x)-f(x_0)}{x-x_0}=0$$

より，十分 x_0 の近くでは

$$|f(x)-f(x_0)|\leqq\varepsilon\,|x-x_0|$$

となる．このことから，f のグラフは，図の網をかけた部分の外へ出ることができず，

$$|f(b)-f(a)|\leqq\varepsilon\,|b-a|$$

となり，ε は任意だから

$$f(b)=f(a)$$

でなければならない．

がえられたのだが，それを重ね合わせた全変化が，

$$y(b)-y(a)=\int_a^b y'(x)dx$$

になる．これは，

$$y(b)-y(a)=\int_{y(a)}^{y(b)} dy=\int_{x=a}^{x=b} dy=\int_a^b y'(x)dx$$

という関係を意味している．

これを一般化したものは，積分の変数変換の公式

$$\int_{y(b)}^{y(a)} f(y)dy=\int_a^b f(y(x))y'(x)dx$$

になる．

まえの，1 次関数の記号 I を使えば，これは，

$$\int_{\overrightarrow{ab}} y'(x)dx=I_{a,-1}(y)+I_{b,+1}(y)$$

とも書ける．すなわち，有向線分 $\overrightarrow{ab}$ での変化 dy の総和は，その境界 a,b に，それぞれ -1 と $+1$ の点密度をあたえた y の積分と考えることができる．

また，定理の 1）は

$$\frac{dy}{dx}=f(x)$$

となるような，y を求める微分作用素 $\dfrac{d}{dx}$ の逆演算であり，微分方程式を考えているといえる．これを，初期条件

$$y(x_0)=y_0$$

で考えてみる．このとき，

$$dy=f(x)dx$$

から，

$$\int_{y_0}^{y} dy = \int_{x_0}^{x} f(x)dx,$$

すなわち

$$y = y_0 + \int_{x_0}^{x} f(x)dx$$

になっている．

つぎに，密度の場合を考えてみよう．

$$f(x) = \lim_{B \to x} \frac{\int_B f(x)dx}{\int_B dx}$$

であったが，有向線分で考えれば，

$$f(x) = \lim_{\varepsilon \to 0} \frac{\int_{x-\varepsilon}^{x+\varepsilon} f(x)dx}{\int_{x-\varepsilon}^{x+\varepsilon} dx} = \lim_{\varepsilon \to 0} \frac{\int_{x-\varepsilon}^{x+\varepsilon} f(x)dx}{2\varepsilon}$$

という式になり，これも，積分して微分すればもとにもどる，という定理の 1）の別の定式化である．

定理の 1）は，

$$\frac{d}{dt} \int_a^t f(x)dx = f(t)$$

と書けるが，これは，

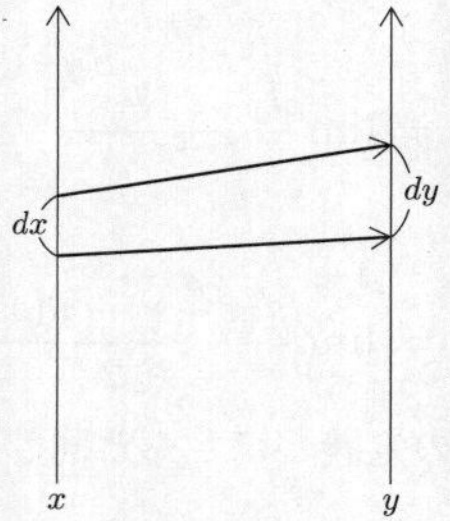

図 2.9

$$\frac{d}{dt}\int_{a(t)}^{b(t)} f(x)dx = f(b(t))b'(t) - f(a(t))a'(t)$$
$$= I_{a,-1}(f)a'(t) + I_{b,+1}(f)b'(t)$$

と一般化することもできる．

変数変換の公式からは，

$$y'(x) = \lim_{B \to x} \frac{\displaystyle\int_{y(B)} dy}{\displaystyle\int_B dx}$$

がえられる（ただし，$B, y(B)$ は有向線分とする）．これは，線分の拡大率の均質でない場合の問題になっている（図 2.9）．

この式は

$$y'(x) = \lim_{\varepsilon \to 0} \frac{\displaystyle\int_{y(x-\varepsilon)}^{y(x+\varepsilon)} dy}{\displaystyle\int_{x-\varepsilon}^{x+\varepsilon} dx}$$

$$= \lim_{\varepsilon \to 0} \frac{y(x+\varepsilon) - y(x-\varepsilon)}{2\varepsilon}$$

であって，導関数の定義とほとんど同じである．

このように，微分と積分との関係を，いろいろな形で定式化してみた．もう一度，まとめてみよう．

A)　有向線分での変化の総和の境界値での表現：

$$\int_{\overrightarrow{ab}} y'(x)dx = y(b) - y(a).$$

B)　微分方程式：

$$\frac{dy}{dx} = f(x), \qquad y(x_0) = y_0$$

となる関数は，

$$y = y_0 + \int_{x_0}^{x} f(x)dx.$$

C)　密度：

$$f(x) = \lim_{B \to x} \frac{\displaystyle\int_B f(x)dx}{\displaystyle\int_B dx}.$$

D）　積分範囲の変化：

$$\frac{d}{dt}\int_{a(t)}^{b(t)} f(x)dx = f(b)b'(t) - f(a)a'(t).$$

E）　変数変換の拡大率：

$$y'(x) = \lim_{B \to x} \frac{\displaystyle\int_{y(B)} dy}{\displaystyle\int_{B} dx}.$$

ふつう，微分と積分の逆関係というと，定理のような形式だけ，または，A）と B）ぐらいしか扱われないことが多い．しかし，微積分を使われる量の形態によって，少なくともこの程度には，微分と積分についてのゆたかなイメージを持っていないと困る．

1 変数だと，同じことを何度も言いかえたようだが，多変数になると，量の関係が多様化されるので，この A）～ E）が，それぞれちがった形式で一般化されることになる．それこそ，本書が目標とするところである．そのために，1 変数のときに，とくにいろいろな見方を考えておいたのである．

とくに 1 変数だと，C）や E）のように集合関数型の微分を考えたり，密度を考えたりする問題はぬけやすい．C）の式は，もっと一般に，

$$f(x) = \lim_{B \to x} \frac{\displaystyle\int_B f(x)g(x)dx}{\displaystyle\int_B g(x)dx}$$

となる．B を固定したとき，

$$\rho(y)dx = \frac{g(x)dx}{\displaystyle\int_B g(x)dx}$$

として，

$$E(f) = \int_B f(x)\rho(x)dx = \frac{\displaystyle\int_B f(x)g(x)dx}{\displaystyle\int_B g(x)dx}$$

のことを，B における分布 $\rho(x)dx$ に関する，f の平均という．この $\rho(x)dx$ は，無限小部分 dx における，f の分布のわりあいを意味している．

これは，正 1 次関数であるだけでなく，全体が 1，

$$E(1) = \int_B \rho(x)dx = 1$$

という性質をもっている．したがって，定数関数 c にたいしては

$$E(c) = c$$

となる．いま，

$$E(f-c) = 0$$

となる c を求めると

$$c = E(c) = E(f)$$

となる．すなわち，$E(f)$ は，ちょうどバランスのとれるようにできる定数である．このように，分布に関する積分は，平均という意味を持っている．

不均質な針金で，密度が $f(x)$ であれば，その分布は

$$\frac{f(x)dx}{\displaystyle\int_B f(x)dx}$$

となるので，それに関する位置の平均 $E(x)$ は

$$E(x) = \frac{\displaystyle\int_B xf(x)dx}{\displaystyle\int_B f(x)dx}$$

となる．これが重心の位置になる．

4. 多変数の積分

積分の概念は，そのまま多変数の場合にも考えることができる．

均質な板があって，面密度が一定であれば，

$$\text{面密度} \times \text{面積} = \text{質量}$$

となる．均質でない場合，$\boldsymbol{x}$ を中心とする円板 $\boldsymbol{B}$ を切りぬいて，その質量を $w(\boldsymbol{B})$, 面積を $m_2(\boldsymbol{B})$ とすると，平均面密度（均質な場合を想定したとき）は，

$$\frac{w(\boldsymbol{B})}{m_2(\boldsymbol{B})}$$

になる．円板の半径を小さくした極限を考えると，

$$f(\boldsymbol{x}) = \lim_{\boldsymbol{B} \to \boldsymbol{x}} \frac{w(\boldsymbol{B})}{m_2(\boldsymbol{B})}$$

として，各点の面密度が考えられる．

逆に，面密度 $f(\boldsymbol{x})$ があたえられたとき，長方形，

$$a_1 \leqq x_1 \leqq b_1, \qquad a_2 \leqq x_2 \leqq b_2$$

の質量

$$\iint_{\substack{a_1 \leqq x_1 \leqq b_1 \\ a_2 \leqq x_2 \leqq b_2}} f(\boldsymbol{x}) dx_1 dx_2$$

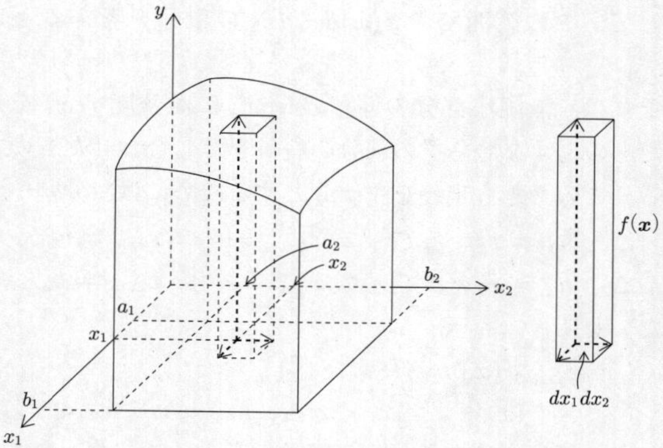

図 2.10

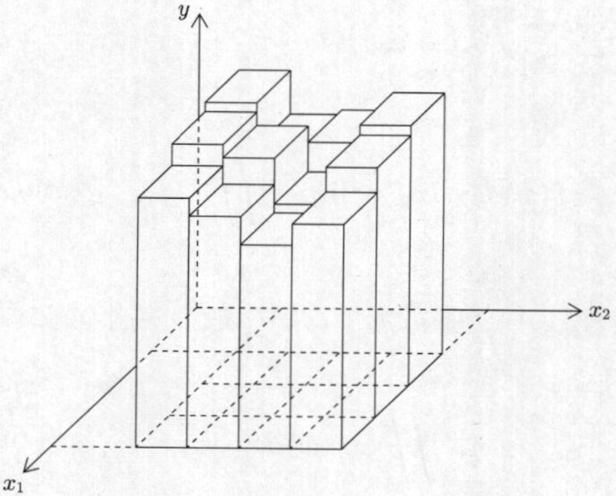

図 2.11

として，この範囲での $f(\boldsymbol{x})dx_1dx_2$ の積分を考えるとよい．

それは，無限小部分の面積 dx_1dx_2 に面密度 $f(\boldsymbol{x})$ をかけたもの，すなわちその部分の質量をたし合わせたものである．このときも定義をキチンとするためには，分割

$$\Delta_1 : a_1 = x_{1,0} \leqq \xi_{1,1} \leqq x_{1,1} \leqq \cdots \leqq x_{1,n} = b_1,$$
$$\Delta_2 : a_2 = x_{2,0} \leqq \xi_{2,1} \leqq x_{2,1} \leqq \cdots \leqq x_{2,m} = b_2$$

にたいして

$$f_{\Delta_1,\Delta_2}(\boldsymbol{x}) = f(\xi_{1,i}, \xi_{2,j})$$
$$(x_{1,i-1} \leqq x_1 < x_{1,i}, \quad x_{2,j-1} \leqq x_2 < x_{2,j})$$

という，区分的に定数となる関数を考え，リーマン和

$$\iint_{\substack{a_1 \leqq x_1 \leqq b_1 \\ a_2 \leqq x_2 \leqq b_2}} f_{\Delta_1,\Delta_2}(\boldsymbol{x})dx_1dx_2$$

$$= \sum_{i=1}^{n} \sum_{j=1}^{m} f(\xi_{1,i}, \xi_{2,j})(x_{1,i} - x_{1,i-1})(x_{2,j} - x_{2,j-1})$$

の極限

$$\iint_{\substack{a_1 \leqq x_1 \leqq b_1 \\ a_2 \leqq x_2 \leqq b_2}} f(\boldsymbol{x})dx_1dx_2 = \lim \iint_{\substack{a_1 \leqq x_1 \leqq b_1 \\ a_2 \leqq x_2 \leqq b_2}} f_{\Delta_1,\Delta_2}(\boldsymbol{x})dx_1dx_2$$

を考えればよい．長方形でない一般の集合 $\boldsymbol{A}$ にたいしては，

$$\iint \varphi_A(\boldsymbol{x})dx_1dx_2$$

が存在するとして，

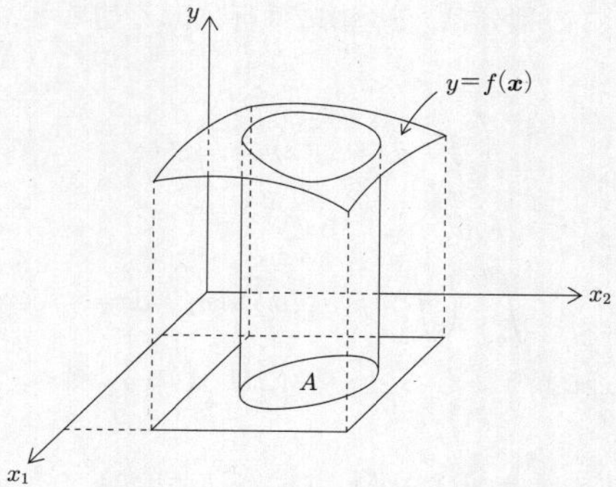

図 2.12

$$\iint_A f(\boldsymbol{x})dx_1dx_2 = \iint f(\boldsymbol{x})\varphi_A(\boldsymbol{x})dx_1dx_2$$

を考えればよいことも，1 変数のときとまったく変わらない．

また，正関数について，関数が有界でなかったり，積分範囲が有界でなかったりした場合も同様である．このあたりの事情はまったく同様であるので，1 変数のときの C) にあたる，

$$f(\boldsymbol{x}) = \lim_{B \to \boldsymbol{x}} \frac{\displaystyle\iint_B f(\boldsymbol{x})dx_1dx_2}{\displaystyle\iint_B dx_1dx_2}$$

も，f が連続であるかぎり成立する．

さて，この積分は，x_1 軸に平行に薄く切ると，無限小部分は，

$$\left(\int_{a_1}^{b_1} f(x_1, x_2)dx_1\right) dx_2$$

になって，それを積分したもの

$$\int_{a_2}^{b_2} \left(\int_{a_1}^{b_1} f(x_1, x_2)dx_1\right) dx_2$$

と考えられよう．もっと一般には $\boldsymbol{A}$ の x_2 軸への射影を A_2,

$$\boldsymbol{A}(x_2) = \{x_1; (x_1, x_2) \in A_2\}$$

で x_1 による $\boldsymbol{A}$ の切り口を表わすとき，

$$\iint_{\boldsymbol{A}} f(\boldsymbol{x})dx_1 dx_2 = \int_{A_2} \left(\int_{\boldsymbol{A}(x_2)} f(x_1, x_2)dx_1\right) dx_2$$

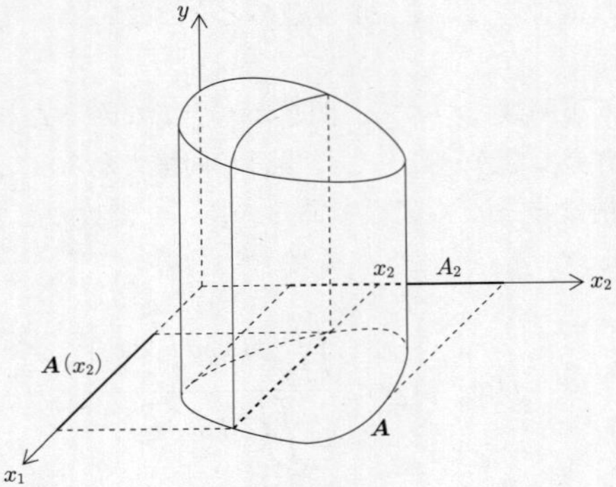

図 2.13

となると考えられる．この右辺を，ふつうは，

$$\int_{A_2} dx_2 \int_{A(x_2)} f(x_1, x_2) dx_1$$

のように書く．

キッチリいうと，

［定理］ f が連続で，$\boldsymbol{A}$ が有界，

$$\iint_{\boldsymbol{A}} dx_1 dx_2, \qquad \int_{A_2} dx_2, \qquad \int_{\boldsymbol{A}(x_2)} dx_1$$

が存在するとき，

$$\iint_{\boldsymbol{A}} f(\boldsymbol{x}) dx_1 dx_2 = \int_{A_2} dx_2 \int_{\boldsymbol{A}(x_2)} f(x_1, x_2) dx_1.$$

［証明］ $\boldsymbol{A}$ の境界にふれる部分は，分割を細かくしたとき，その面積をいくらでも小さくできるので，そこの部分は除外して，長方形の上で連続な場合に証明すればよ

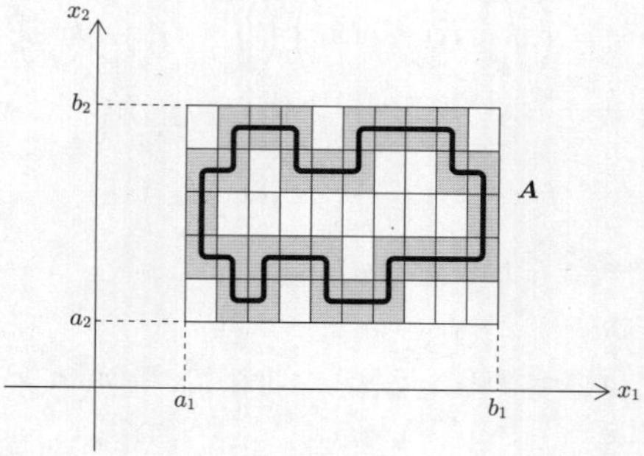

図 2.14

い．ところが，連続関数は f_{Δ_1, Δ_2} で近似できるので，これについて証明しておいて極限を考えればよい．

ところで，とくに，

$$f(x_1, x_2) = f_1(x_1) f_2(x_2)$$

の形の場合には，リーマン和について，

$$\sum_{i=1}^{n} \sum_{j=1}^{m} f(\xi_{1,i}, \xi_{2,j})(x_{1,i} - x_{1,i-1})(x_{2,j} - x_{2,j-1})$$
$$= \left(\sum_{i=1}^{n} f_1(\xi_{1,i})\,(x_{1,i} - x_{1,i-1}) \right) \left(\sum_{j=1}^{m} f_2(\xi_{2,j})\,(x_{2,j} - x_{2,j-1}) \right)$$

だから，

$$\iint_{\substack{a_1 \leqq x_1 \leqq b_1 \\ a_2 \leqq x_2 \leqq b_2}} f(x_1, x_2) dx_1 dx_2 = \left(\int_{a_1}^{b_1} f_1(x_1) dx_1 \right) \left(\int_{a_2}^{b_2} f_2(x_2) dx_2 \right)$$

となって成立する．さらに，その有限個の和

$$f(x_1, x_2) = \sum_{i=1}^{k} f_{1,i}(x_1) f_{2,i}(x_2)$$

の形の関数でもよい．

ところが，

$$f_{1,j}(x_1) = f(\xi_{1,i}, \xi_{2,j}) \qquad (x_{1,i-1} \leqq x_1 < x_{1,i})$$

とするとき，

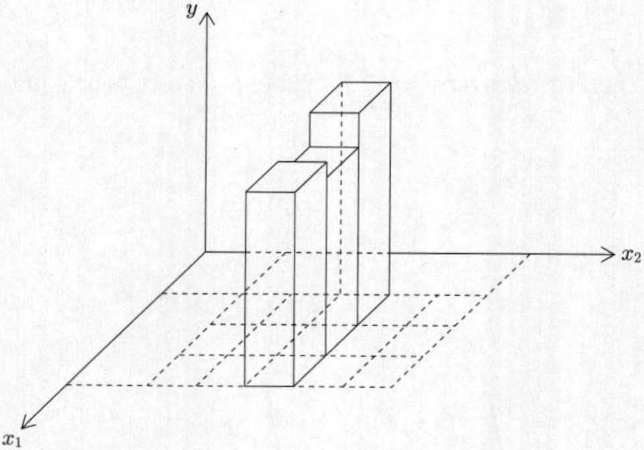

図 2.15

$$f_{\Delta_1, \Delta_2}(x) = \sum_{j=1}^{m} f_{1,j}(x_1)\varphi_{[x_{2,j-1}, x_{2,j}]}(x_2)$$

となる．これは，x_2 の分割の方の j 番目だけを分離して考えたものに，この関数を分割したのである．そこで，

$$\iint\limits_{\substack{a_1 \leqq x_1 \leqq b_1 \\ a_2 \leqq x_2 \leqq b_2}} f_{\Delta_1, \Delta_2}(\boldsymbol{x})dx_1 dx_2$$

$$= \int_{a_2}^{b_2} dx_2 \int_{a_1}^{b_1} f_{\Delta_1, \Delta_2}(x_1, x_2)dx_1$$

となる．したがって，その極限についても成立する．

〈証明おわり〉

同様にして,

$$\iint_A f(\boldsymbol{x})dx_1dx_2 = \iint_{A_1} dx_1 \int_{\mathbf{A}(x_2)} f(x_1, x_2)dx_2$$

も考えられることになる.

このことから,

[定理] $a \leqq x \leqq d$, $c \leqq t \leqq d$ で $f(x,t), f'_t(x,t)$ が連続のとき,

$$\frac{d}{dt}\int_a^b f(x,t)dx = \int_a^b f'_t(x,t)dx$$

[証明]

$$\int_c^t dt \int_a^b f'_t(x,t)dx = \int_a^b dx \int_c^t f'_t(x,t)dt$$

$$= \int_a^b f(x,t)dx - \int_a^b f(x,c)dx$$

より, 両辺を微分すればよい. 〈証明おわり〉

これと, 前のD) とをくみ合わせれば

$$\frac{d}{dt}\int_{a(t)}^{b(t)} f(x,t)dx$$
$$= f(b(t),t)b'(t) - f(a(t),t)a'(t)$$
$$+ \int_{a(t)}^{b(t)} f'_t(x,t)dx$$

となる. すなわち, $f(x,t)dx$ の $B(t)$ における積分というのは,

$$\langle f(t), B(t) \rangle_x = \int_{B(t)} f(x,t)dx$$

と書くとき，

$$\frac{d}{dt} \langle f(t), B(t) \rangle_x = \langle f(t), B'(t) \rangle_x + \langle f'(t), B(t) \rangle_x$$

という，積の微分公式の形をしていて，積分範囲に関する微分の部分と，積分する関数を微分する部分とにわかれることになる．

ここで，

$$t \longmapsto f(t), \qquad t \longmapsto B(t)$$

は，それぞれ，x の関数および x の集合を値にとる関数のようなものである．形式的に書けば，この場合

$$\begin{aligned}&\langle f(t), B'(t) \rangle_x \\ &\quad = I_{a(t),-1}(f(t))a'(t) + I_{b(t),+1}(f(t))b'(t)\end{aligned}$$

である．

今まで，2 変数で議論したが，n 変数でもまったく同様である．この場合，

$$\int^n \cdots \int_{\boldsymbol{A}} f(\boldsymbol{x})dx_1 dx_2 \cdots dx_n$$

または

$$\int_{\boldsymbol{A}} f(\boldsymbol{x})dx_1 dx_2 \cdots dx_n$$

と書く．

5. 体積要素

1変数の積分の変数変換公式

$$\int_{y(a)}^{y(b)} f(y)dy = \int_a^b f(y(x))y'(x)dx$$

および，拡大率の公式

$$y'(x) = \lim_{B \to x} \frac{\displaystyle\int_{y(B)} dy}{\displaystyle\int_B dx}$$

を，多変数の場合に考えよう．

そのために，まず，1次の場合の拡大率を考える．

1次関数

$$\boldsymbol{X} \longmapsto \boldsymbol{Y} = \boldsymbol{A}\boldsymbol{X},$$

たとえば2変数でなら，

$$\begin{bmatrix} X_1 \\ X_2 \end{bmatrix} \longmapsto \begin{bmatrix} Y_1 \\ Y_2 \end{bmatrix} = \begin{bmatrix} a_{11} & a_{12} \\ a_{21} & a_{22} \end{bmatrix} \begin{bmatrix} X_1 \\ X_2 \end{bmatrix}$$

を考える．このとき，$\boldsymbol{X}$ 平面の座標格子が $\boldsymbol{Y}$ 平面上でも平行格子にうつるわけで，$\boldsymbol{X}$ 平面の座標単位 $\boldsymbol{E}_1, \boldsymbol{E}_2$ で作った正方形の像は，

$$\boldsymbol{A}_1 = \boldsymbol{A}\boldsymbol{E}_1 = \begin{bmatrix} a_{11} \\ a_{21} \end{bmatrix}, \qquad \boldsymbol{A}_2 = \boldsymbol{A}\boldsymbol{E}_2 = \begin{bmatrix} a_{12} \\ a_{22} \end{bmatrix}$$

で作った平行 4 辺形になる．この面積比をあたえる量が，

$$\begin{vmatrix} a_{11} & a_{12} \\ a_{21} & a_{22} \end{vmatrix} = a_{11}a_{22} - a_{21}a_{12}$$

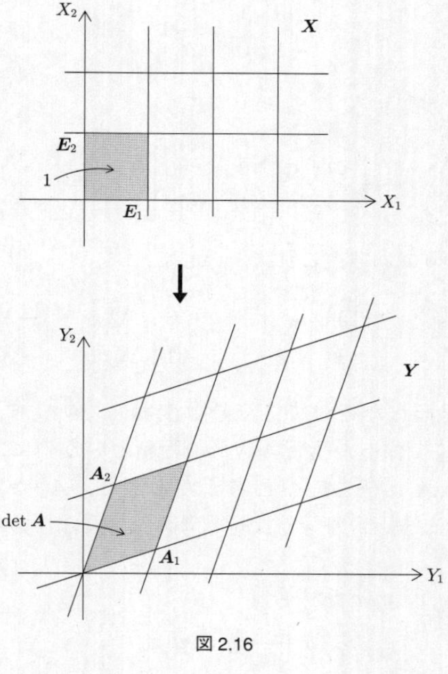

図 2.16

であたえられる，行列式 $\det \boldsymbol{A}$ である．ただし，ここで，長さに正負を考えたように，面積にも正負を考えねばならない．裏返し，

$$\begin{bmatrix} X_1 \\ X_2 \end{bmatrix} \longmapsto \begin{bmatrix} Y_1 \\ Y_2 \end{bmatrix} = \begin{bmatrix} 0 & 1 \\ 1 & 0 \end{bmatrix} \begin{bmatrix} X_1 \\ X_2 \end{bmatrix} = \begin{bmatrix} X_2 \\ X_1 \end{bmatrix}$$

のとき，

$$\begin{vmatrix} 0 & 1 \\ 1 & 0 \end{vmatrix} = -1$$

で，符号が変わる．

$$\begin{bmatrix} X_1 \\ X_2 \end{bmatrix} \longmapsto \begin{bmatrix} Y_1 \\ Y_2 \end{bmatrix} = \begin{bmatrix} 1 & 0 \\ 0 & -1 \end{bmatrix} \begin{bmatrix} X_1 \\ X_2 \end{bmatrix} = \begin{bmatrix} X_1 \\ -X_2 \end{bmatrix}$$

でも，そうである．これにたいして，

$$\begin{bmatrix} X_1 \\ X_2 \end{bmatrix} \longmapsto \begin{bmatrix} Y_1 \\ Y_2 \end{bmatrix} = \begin{bmatrix} -1 & 0 \\ 0 & -1 \end{bmatrix} \begin{bmatrix} X_1 \\ X_2 \end{bmatrix} = \begin{bmatrix} -X_1 \\ -X_2 \end{bmatrix}$$

では，回転しただけで，符号は変わらない．すなわち，$\boldsymbol{A}_1$ と $\boldsymbol{A}_2$ で作った平行4辺形の面積というのに，正負を考えて，$\boldsymbol{A}_1$ から $\boldsymbol{A}_2$ へと考えたときと，$\boldsymbol{A}_2$ から $\boldsymbol{A}_1$ へと考えたときと，符号が反対と考えねばならないわけである．

　そこで，一般の関数

$$\boldsymbol{x} \longmapsto \boldsymbol{y} = \boldsymbol{y}(\boldsymbol{x})$$

の場合にうつろう．これを微分すると，

$$d\boldsymbol{x} \longmapsto d\boldsymbol{y} = \boldsymbol{y}'(\boldsymbol{x})d\boldsymbol{x},$$

すなわち

$$\begin{bmatrix} dx_1 \\ dx_2 \end{bmatrix} \longmapsto \begin{bmatrix} dy_1 \\ dy_2 \end{bmatrix} = \begin{bmatrix} \dfrac{\partial y_1}{\partial x_1} & \dfrac{\partial y_1}{\partial x_2} \\ \dfrac{\partial y_2}{\partial x_1} & \dfrac{\partial y_2}{\partial x_2} \end{bmatrix} \begin{bmatrix} dx_1 \\ dx_2 \end{bmatrix}.$$

となる．ここで，無限小の面積比

$$\det \boldsymbol{y}'(\boldsymbol{x}) = \begin{vmatrix} \dfrac{\partial y_1}{\partial x_1} & \dfrac{\partial y_1}{\partial x_2} \\ \dfrac{\partial y_2}{\partial x_1} & \dfrac{\partial y_2}{\partial x_2} \end{vmatrix}$$

を考える．この量は，ふつうヤコビアン（関数行列式）といわれ

$$\frac{\partial(y_1, y_2)}{\partial(x_1, x_2)}$$

と表わす．

そこで，積分の変数変換の公式を考えよう．ただし，1 変数の場合に，方向を考える必要があったように，2 変数以上の場合にも，積分範囲の方向を考える．すなわち，$\boldsymbol{D}$ を裏返したものを $-\boldsymbol{D}$ とするときは，

$$\int_{-D} dx_1 dx_2 = -\int_D dx_1 dx_2$$

のように考える．このとき，

［定理］　関数

$$\boldsymbol{x} \longmapsto \boldsymbol{y} = \boldsymbol{y}(\boldsymbol{x})$$

で，$\boldsymbol{D}$ が $\boldsymbol{y}(\boldsymbol{D})$ にうつり，$\boldsymbol{y}'(\boldsymbol{x})$ が連続で $\det \boldsymbol{y}'(\boldsymbol{x}) \neq 0$ で，この変換が1対1とする．$\boldsymbol{D}, \boldsymbol{y}(\boldsymbol{D})$ が有界で閉じていて，

$$\iint_D dx_1 dx_2, \qquad \iint_{\boldsymbol{y}(D)} dy_1 dy_2$$

が存在するとする（これらの条件のうち，他から証明可能なものもあるが，それにはふれない）．

このとき，連続関数 f にたいし

$$\iint_{\boldsymbol{y}(D)} f(\boldsymbol{y}) dy_1 dy_2 = \iint_D f(\boldsymbol{y}(\boldsymbol{x})) \frac{\partial(y_1, y_2)}{\partial(x_1, x_2)} dx_1 dx_2$$

となる．

［証明］　$\partial y_i / \partial x_j$ のうち，0でないものがある．いま，たとえば，$\partial y_1 / \partial x_1 \neq 0$ とする．

このとき，

$$y_1 = y_1(x_1, x_2)$$

を x_1 について解いて

$$x_1 = \widetilde{x}_1(y_1, x_2)$$

とできる．そこで

$$\begin{bmatrix} x_1 \\ x_2 \end{bmatrix} \longmapsto \begin{bmatrix} y_1 \\ x_2 \end{bmatrix} \longmapsto \begin{bmatrix} y_1 \\ y_2 \end{bmatrix}$$

を考えて，

$$y_2 = y_2(\widetilde{x}_1(y_1, x_2), x_2)$$

となる．これを $\widetilde{y}_2(y_1, x_2)$ と表わす．

ここで，

$$dy_1 = \frac{\partial y_1}{\partial x_1}dx_1 + \frac{\partial y_1}{\partial x_2}dx_2,$$

$$dy_2 = \frac{\partial y_2}{\partial x_1}dx_1 + \frac{\partial y_2}{\partial x_2}dx_2$$

より，

$$dx_1 = \frac{1}{\dfrac{\partial y_1}{\partial x_1}}dy_1 - \frac{\dfrac{\partial y_1}{\partial x_2}}{\dfrac{\partial y_1}{\partial x_1}}dx_2$$

で，

$$\frac{\partial \widetilde{x}_1}{\partial y_1} = \frac{1}{\dfrac{\partial y_1}{\partial x_1}}, \qquad \frac{\partial \widetilde{x}_1}{\partial x_2} = -\frac{\dfrac{\partial y_1}{\partial x_2}}{\dfrac{\partial y_1}{\partial x_1}}$$

となる（前半は，ともに x_2 を固定しているのだから，ふつうの 1 変数の逆関数の微分公式）．さらに，

$$\begin{aligned}\frac{\partial \widetilde{y}_2}{\partial x_2} &= \frac{\partial y_2}{\partial x_1}\frac{\partial \widetilde{x}_1}{\partial x_2} + \frac{\partial y_2}{\partial x_2} \\ &= \frac{\dfrac{\partial(y_1, y_2)}{\partial(x_1, x_2)}}{\dfrac{\partial y_1}{\partial x_1}}\end{aligned}$$

となる（代入法で，連立 1 次方程式を考えていることに

なる．または，クラメルの公式で，$1/(\partial x_2/\partial y_2)$ と考えてもよい)．

そこで，1変数の積分変換公式に直して，

$$
\begin{aligned}
&\iint_{\boldsymbol{y}(D)} f(\boldsymbol{y})dy_1dy_2 \\
&= \int dy_1 \int f(y_1, y_2)dy_2 \\
&= \int dy_1 \int f(y_1, \widetilde{y}_2(y_1, x_2)) \frac{\dfrac{\partial(y_1, y_2)}{\partial(x_1, x_2)}}{\dfrac{\partial y_1}{\partial x_1}} dx_2 \\
&= \int dx_2 \int f(y_1, \widetilde{y}_2(y_1, x_2)) \frac{\dfrac{\partial(y_1, y_2)}{\partial(x_1, x_2)}}{\dfrac{\partial y_1}{\partial x_1}} dy_1 \\
&= \int dx_2 \int f(y_1(x_1, x_2), y_2(x_1, x_2)) \frac{\partial(y_1, y_2)}{\partial(x_1, x_2)} dx_1 \\
&= \iint_D f(\boldsymbol{y}(\boldsymbol{x})) \frac{\partial(y_1, y_2)}{\partial(x_1, x_2)} dx_1dx_2
\end{aligned}
$$

ここで，$\partial y_i/\partial x_j \neq 0$ となる成分が，場所によってちがうかもしれないが，$\boldsymbol{D}$ を有限個の部分に分割して，それぞれの区画の中では，定まった成分が0でないとしておき，それぞれに計算したものを，あとでたせばよい（ここでも，局所的に証明して，あとでツギハギするという，局所から全体への方法論を用いている）．〈証明おわり〉

この証明は，変数の少ないときの変換公式に帰着させているのだから，一般の n 変数のときも，

$$\frac{\partial(y_1, \cdots, y_n)}{\partial(x_1, \cdots, x_n)} = \det\left(\frac{\partial y_i}{\partial x_j}\right)$$

として，

$$\int_{\boldsymbol{y}(\boldsymbol{D})} f(\boldsymbol{y}) dx_1 \cdots dx_n = \int_{\boldsymbol{D}} f(\boldsymbol{y}(\boldsymbol{x})) dx_1 \cdots dx_n$$

となる．

$\boldsymbol{D}$ が有界で閉じていないとき，$\det \boldsymbol{y}'(\boldsymbol{x}) = 0$ となる点があるとき（その点を除いた領域を考えることで，領域が閉じていないと考えられる）も，極限移行を考えることで，変数変換を考えることができる．f が有界でない場合も同様である．

とくに注意しなければいけないことは，変換の重複度に気をつけねばならないことである．

たとえば，

$$y_1 = x_1 + x_2,$$
$$y_2 = x_1 x_2$$

の場合ならば，$\boldsymbol{y}$ の方は，$\boldsymbol{x}$ を 2 枚に折りたたんである．この場合，

$$\frac{\partial(y_1, y_2)}{\partial(x_1, x_2)} = x_1 - x_2$$

で，たとえば，

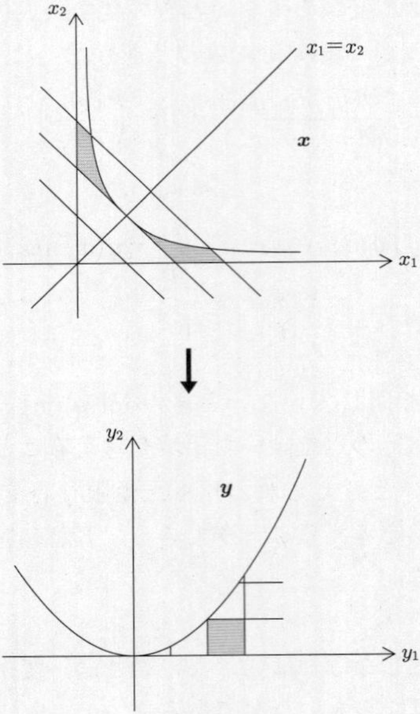

図 2.17

$$\iint_{\substack{2 \leqq y_1 \leqq 3 \\ 0 \leqq y_2 \leqq 1}} f(y_1, y_2) dy_1 dy_2$$

$$= \iint_{\substack{2 \leqq x_1 + x_2 \leqq 3 \\ 0 \leqq x_1, x_2 \leqq 1 \\ x_1 \leqq x_2}} f\left(x_1 + x_2, x_1 x_2\right) \left(x_1 - x_2\right) dx_1 dx_2$$

$$= \iint_{\substack{2 \leqq x_1 + x_2 \leqq 3 \\ 0 \leqq x_1, x_2 \leqq 1 \\ x_1 \leqq x_2}} f(x_1 + x_2, x_1 x_2)(x_2 - x_1)\, dx_1 dx_2$$

となる．

また，

$$x = u^2 - v^2,$$
$$y = 2uv$$

を考えると，

$$(x + iy) = (u + iv)^2$$

で，$u + iv$ がガウス平面を 1 回転する間に，$x + iy$ は 2 回転する．ここで

$$\frac{\partial(x, y)}{\partial(u, v)} = 4(u^2 + v^2)$$

で，たとえば，

$$\iint_{1 \leqq x^2 + y^2 \leqq 4} f(x, y) dxdy$$

$$= \iint_{\substack{1 \leqq u^2 + v^2 \leqq 2 \\ v \geqq 0}} f(u^2 - v^2, 2uv) 4(u^2 + v^2) dudv$$

$$= \iint_{\substack{1 \leqq u^2 + v^2 \leqq 2 \\ v \leqq 0}} f(u^2 - v^2, 2uv) 4(u^2 + v^2) dudv$$

$$= \frac{1}{2} \iint_{1 \leqq u^2 + v^2 \leqq 2} f(u^2 - v^2, 2uv) 4(u^2 + v^2) dudv$$

となる．1変数のときにくらべて，まちがいやすいから，気をつけねばならない．

とくに，

$$\int_{\boldsymbol{y}(B)} dy_1 dy_2 \cdots dy_n = \int_B \det \boldsymbol{y}'(\boldsymbol{x}) dx_1 dx_2 \cdots dx_n$$

より，1変数のときの変数変換の拡大率の公式E）の一般化，

$$\det \boldsymbol{y}'(\boldsymbol{x}) = \lim_{B \to \boldsymbol{x}} \frac{\displaystyle\int_{\boldsymbol{y}(B)} dy_1 dy_2 \cdots dy_n}{\displaystyle\int_B dx_1 dx_2 \cdots dx_n}$$

がえられることになる．このことは，無限小拡大率としてのヤコビアンの，極限的な意味である（最初の定義では，無限小ということを，微分を考えて，すなわち1次化して，の意味にした）．

そこで，

$$dy_1 dy_2 = \frac{\partial(y_1, y_2)}{\partial(x_1, x_2)} dx_1 dx_2$$

のように考えて，変数変換の公式を考えていくことができる．直角座標で，2次元で，

$$dS = dx_1 dx_2$$

を面積要素，3次元で，

$$dV = dx_1 dx_2 dx_3$$

を体積要素，一般に変数では，

$$dV = dx_1 \cdots dx_n$$

を n 次元の体積要素という.

回転の行列式は1だから, これらの量は直角座標の変換に無関係に考えることができる. さらに, 直角座標以外の曲線座標で考えることもある. いくつか計算してみよう.

まず, 2次元の極座標

$$x = \rho\cos\varphi, \qquad y = \rho\sin\varphi$$

のとき,

$$\begin{bmatrix} dx \\ dy \end{bmatrix} = \begin{bmatrix} \cos\varphi & -\rho\sin\varphi \\ \sin\varphi & \rho\cos\varphi \end{bmatrix} \begin{bmatrix} d\rho \\ d\varphi \end{bmatrix}$$

で,

$$\frac{\partial(x, y)}{\partial(\rho, \varphi)} = \rho$$

となり,

$$dS = \rho d\rho d\varphi$$

となる (図 2.18).

そこで, 3次元では, 円柱座標で

$$dV = \rho d\rho d\varphi dz = \rho dz d\rho d\varphi$$

となる. これを極座標 (球座標) にするには,

$$dz d\rho = r dr d\theta$$

から,

$$dV = r^2 \sin\theta \ dr d\theta d\varphi$$

となる (図 2.19).

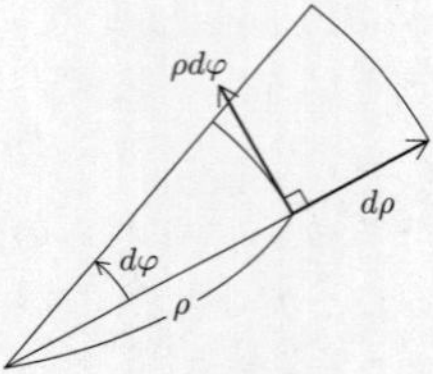

図 2.18

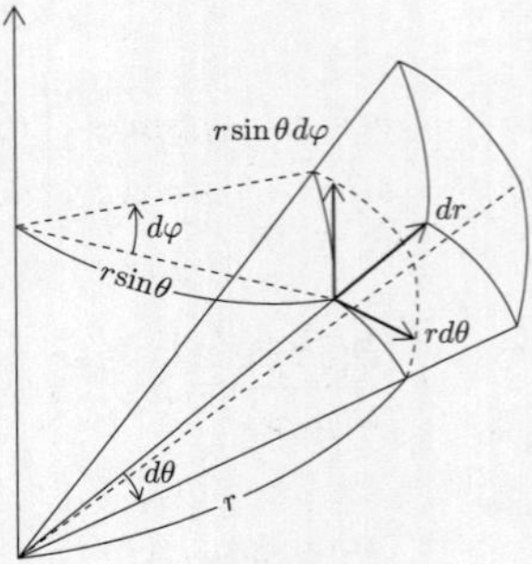

図 2.19

これらの計算で注意しなければならないことは,

$$\begin{vmatrix} 0 & 1 \\ 1 & 0 \end{vmatrix} = -1, \qquad \begin{vmatrix} 1 & 0 \\ 1 & 0 \end{vmatrix} = 0$$

などからもわかるように

$$dx_1 dx_2 = -dx_2 dx_1, \qquad dx_1 dx_1 = 0$$

となっていることである. すなわち, これらは, ベクトル

計算としての外積（交代積）になっているのである．その意味では，

$$dx_1 \wedge dx_2 \qquad \text{または} \qquad dx_1 \times dx_2$$

などと書いた方がよいのだが，慣習にしたがってふつうの形で書く．この注意のもとには，たとえば

$$\begin{aligned}dxdy &= (\cos\varphi\, d\rho - \rho\sin\varphi\, d\varphi)(\sin\varphi\, d\rho + \rho\cos\varphi\, d\varphi)\\ &= \cos\varphi\sin\varphi\, d\rho d\rho + \rho\cos^2\varphi\, d\rho d\varphi - \rho\sin^2\varphi\, d\varphi d\rho\\ &\qquad - \rho^2\sin\varphi\cos\varphi\, d\varphi d\varphi\\ &= \rho\cos^2\varphi\, d\rho d\varphi + \rho\sin^2\varphi\, d\rho d\varphi\\ &= \rho d\varphi d\varphi\end{aligned}$$

のように計算してもよい．これは，外積の計算，すなわち行列式の計算をしているのと変わらない．

面積要素や体積要素を使うことによって

$$m_2(\boldsymbol{S}) = \int_{\boldsymbol{S}} dS, \qquad m_3(\boldsymbol{V}) = \int_{\boldsymbol{V}} dV$$

として，面積や体積の定義をすることができる．

これから，特別の場合の面積公式がえられる．

2次元で，

$$\boldsymbol{S} = \{(x, y); 0 \leqq y \leqq f(x),\ a \leqq x \leqq b\}$$

のとき，

$$m_2(\boldsymbol{S}) = \int_a^b dx \int_0^{f(x)} dy = \int_a^b f(x)dx.$$

$$\boldsymbol{S} = \{(x, y); 0 \leqq \rho \leqq f(\varphi),\ \alpha \leqq \varphi \leqq \beta\}$$

のとき，

$$m_2(\boldsymbol{S}) = \int_\alpha^\beta d\varphi \int_0^{f(\varphi)} \rho d\rho$$
$$= \frac{1}{2}\int_\alpha^\beta (f(\varphi))^2 d\varphi$$

となる．とくに，

$$\boldsymbol{S} = \{(x, y); 0 \leqq \rho \leqq a\}$$

を考えると，

$$m_2(\boldsymbol{S}) = \frac{1}{2}\int_0^{2\pi} a^2 d\varphi = \pi a^2$$

という，円の面積の公式である．

3次元では

$$\boldsymbol{V} = \{(x, y, z); 0 \leqq z \leqq f(x, y),\ (x, y) \in \boldsymbol{D}\}$$

のとき，

$$m_3(\boldsymbol{V}) = \int_{\boldsymbol{D}} dxdy \int_0^{f(x,y)} dz$$
$$= \int_{\boldsymbol{D}} f(x, y) dxdy.$$

$$\boldsymbol{V} = \{(x, y, z); 0 \leqq r \leqq f(\theta, \varphi),\ (\theta, \varphi) \in \boldsymbol{D}\}$$

のとき，

$$m_3(\boldsymbol{V}) = \int_{\boldsymbol{D}} d\theta d\varphi \int^{f(\theta,\varphi)} r^2 \sin\theta\, dr$$
$$= \frac{1}{3}\int_{\boldsymbol{D}} (f(\theta, \varphi))^3 \sin\theta\, d\theta d\varphi$$

となる．とくに，球

$$\boldsymbol{V} = \{(x, y, z); 0 \leqq r \leqq a\}$$

では,

$$m_3(\boldsymbol{V}) = \frac{1}{3}\int_0^{\pi} d\theta \int_0^{2\pi} a^3 \sin\theta \, d\varphi = \frac{4}{3}\pi a^3$$

となる.

回転体

$$\boldsymbol{V} = \{(x,y,z); 0 \leqq \rho \leqq f(z),\ a \leqq z \leqq b\}$$

では,

$$m_3(\boldsymbol{V}) = \int_a^b dz \int_0^{2\pi} d\varphi \int_0^{f(z)} \rho d\rho$$

$$= \pi \int_a^b (f(z))^2 dz$$

である．この計算は，前の円板の面積の計算であり，その意味で，回転体の体積は円板を積分していることになる.

面積や体積の計算を，実際に行なう場合には，その計算につごうのよい座標で計算するのがよい．たとえば，円の面積や球の体積の計算が，極座標でかんたんなのは，これらの座標がその領域の体積要素の表現として適切なことによっている．これらを直角座標だけで計算するとめんどうなのは，実質的には変数変換公式を具体的に行なっているためである.

計算例をあげてみよう.

$$\boldsymbol{V} = \{(x,y,z); x^2+y^2 \leqq 1,\ 0 \leqq z \leqq 1-(x+y)\}$$

のとき,

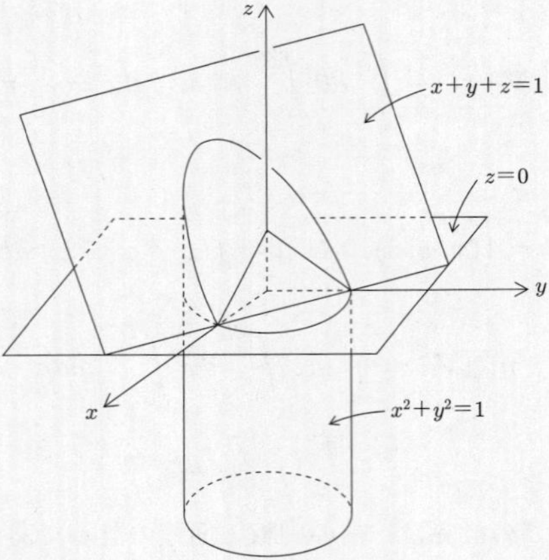

図 2.20

$$
\begin{aligned}
m_3(\boldsymbol{V}) &= \iint_{\substack{x^2+y^2 \leqq 1 \\ x+y \leqq 1}} (1-(x+y))dxdy \\
&= \iint_{\substack{x+y \leqq 1 \\ 0 \leqq x,\, y}} (1-(x+y))dxdy \\
&\quad + \int_{\frac{\pi}{2}}^{2\pi} d\varphi \int_0^1 (1-\rho(\cos\varphi+\sin\varphi))\rho d\rho \\
&= \frac{1}{6} + \int_{\frac{\pi}{2}}^{2\pi} \left(\frac{1}{2} - \frac{1}{3}(\cos\varphi+\sin\varphi) \right) d\varphi
\end{aligned}
$$

$$= \frac{5}{6} + \frac{3}{4}\pi$$

一般に，多変数の積分の計算をする方法は，

1) 定義からわかる場合，たとえば，

$$\iint_{x^2+y^2 \leqq 1} \sin(x^3+y^3)dxdy = 0.$$

2) 1変数の積分をくり返す（§4）

3) 2変数いっしょに変数変換する（§5）

4) 部分積分をする（後述，§10）

などがある．すぐに2）の方法によりやすいが，これはりこうな方法ではない．むしろ，2重積分のままで，変数変換したりする方が，らくなことが多い．

［練習問題］ $m_3(\boldsymbol{V})$ を計算せよ．

1) $\boldsymbol{V} = \{(x, y, z); x^2+y^2 \leqq 1,$
$y^2 - x^2 \leqq z \leqq x^2 - y^2\}$

2) $\boldsymbol{V} = \{(x, y, z); x^2+y^2 \leqq 1,\ y^2+z^2 \leqq 1\}$

3) $\boldsymbol{V} = \{(x, y, z); x^2+y^2 \leqq 1,\ y^2+z^2 \leqq 1,$
$z^2+x^2 \leqq 1\}$

6. 線積分

今までに見てきたように，1次元であれ，2次元や3次元であれ，領域 $\boldsymbol{D}$ で定義された関数 $f(\boldsymbol{x})$ を，体積要素 dV で積分したもの

$$\int_D f(\boldsymbol{x})dV$$

として考えられる．さらに，領域 $\boldsymbol{D}$ がもっと一般の多様体上の領域である場合を考えたい．まず，1次元の多様体，すなわち曲線の場合から始める．

例によって，直線

$$\boldsymbol{X} = \boldsymbol{a}T,$$

たとえば3次元なら，

$$\begin{bmatrix} X_1 \\ X_2 \\ X_3 \end{bmatrix} = \begin{bmatrix} a_1 \\ a_2 \\ a_3 \end{bmatrix} T$$

の場合を考える．これは，速度 $\boldsymbol{a}$ で等速直線運動の軌跡にあたる．そこで，速度の大きさ

$$|\boldsymbol{a}| = \sqrt{{a_1}^2 + {a_2}^2 + {a_3}^2}$$

を考えると，距離 s は，

$$s = |\boldsymbol{a}|T = \sqrt{{a_1}^2 + {a_2}^2 + {a_3}^2}T$$

となる．ここで，

$$|s| = |\boldsymbol{X}|$$

だが，T の正負によって s にも正負を考えることにする．これは，この直線を，T の正の方向を正として，方向づけていることになる．符号を考えなければ，

$$s^2 = {X_1}^2 + {X_2}^2 + {X_3}^2$$

で，長さの概念がえられている．

一般の曲線

$$\boldsymbol{x} = \boldsymbol{x}(t)$$

で，特異点以外では，

$$d\boldsymbol{x} = \boldsymbol{x}'(t)dt$$

すなわち，

$$\begin{bmatrix} dx_1 \\ dx_2 \\ dx_3 \end{bmatrix} = \begin{bmatrix} {x_1}'(t) \\ {x_2}'(t) \\ {x_3}'(t) \end{bmatrix} dt$$

がえられる．このとき，

$$ds = \sqrt{({x_1}'(t))^2 + ({x_2}'(t))^2 + ({x_3}'(t))^2}dt$$

のことを，この曲線上の線要素という．方向を考えなければ，これは，無限小のピタゴラスの関係

$$ds^2 = {dx_1}^2 + {dx_2}^2 + {dx_3}^2$$

であたえられる．ただし，ここで考えているのは，外積でなくて，内積である．これから，

$$ds^2 = \left(\left(\frac{dx_1}{dt}\right)^2 + \left(\frac{dx_2}{dt}\right)^2 + \left(\frac{dx_3}{dt}\right)^2\right) dt^2$$

として，線要素がえられるのである．そこで，たとえば，

$$ds^2 = dx_1{}^2 + dx_2{}^2 + dx_3{}^2$$

のことを，3 次元空間の線要素という．直角座標以外の曲線座標の場合も，微分から内積の計算をすればよい．

まず，2 次元で考えよう．
極座標ならば，

$$dx = \cos\varphi\ d\rho - \rho\sin\varphi\ d\varphi,$$
$$dy = \sin\varphi\ d\rho + \rho\cos\varphi\ d\varphi$$

より，

$$\begin{aligned} ds^2 &= dx^2 + dy^2 \\ &= (\cos\varphi\ d\rho - \rho\sin\varphi\ d\varphi)^2 \\ &\quad +(\sin\varphi\ d\rho + \rho\cos\varphi\ d\varphi)^2 \\ &= \cos^2\varphi\ d\rho^2 - 2\rho\sin\varphi\cos\varphi\ d\rho d\varphi \\ &\quad +\rho^2\sin^2\varphi\ d\varphi^2 + \sin^2\varphi\ d\rho^2 \\ &\quad +2\rho\sin\varphi\cos\varphi\ d\rho d\varphi + \rho^2\cos^2\varphi\ d\varphi^2 \\ &= d\rho^2 + \rho^2 d\varphi^2 \end{aligned}$$

となる．これが，図 2.21 のように無限小のピタゴラスになっているのは，

$$\begin{bmatrix} dx \\ dy \end{bmatrix} = \begin{bmatrix} \cos\varphi & -\sin\varphi \\ \sin\varphi & \cos\varphi \end{bmatrix} \begin{bmatrix} d\rho \\ \rho d\varphi \end{bmatrix}$$

で，φ だけ回転した直角座標で考えているからである．上の計算は，この回転で長さが不変なことを，計算で実行し

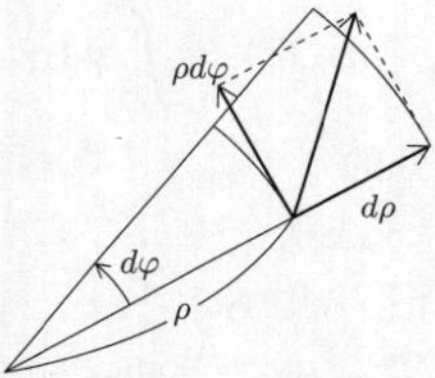

図 2.21

てみたのである．§5 の計算は外積の計算であり，こんどは内積の計算であることを，区別しなければならない．

3 次元では，

$$\begin{aligned} ds^2 &= dx^2 + dy^2 + dz^2 \\ &= d\rho^2 + \rho^2 d\varphi^2 + dz^2 \\ &= dr^2 + r^2 d\theta^2 + r^2 \sin^2\theta d\varphi^2 \end{aligned}$$

となる．

さて，曲線

$$\boldsymbol{C} = \{\boldsymbol{x}; \boldsymbol{x} = \boldsymbol{x}(t),\ \alpha \leqq t \leqq \beta\}$$

にたいして，その上の測度 ds を用いて，$\boldsymbol{C}$ 上の関数について積分

$$\int_{\boldsymbol{C}} f(\boldsymbol{x}) ds$$

$$= \int_\alpha^\beta f(\boldsymbol{x}(t)) \sqrt{\left(\frac{dx_1}{dt}\right)^2 + \left(\frac{dx_2}{dt}\right)^2 + \left(\frac{dx_3}{dt}\right)^2}\, dt$$

が考えられる．とくに，曲線の長さ

$$m_1(\boldsymbol{C}) = \int_{\boldsymbol{C}} ds$$

が定義される．区分的に 1 次，すなわち折れ線の場合は線分の長さの和になる．ただし，$\boldsymbol{C}$ について，t の向きで方向をつけるのがふつうである．

$$\boldsymbol{a} = \boldsymbol{x}(\alpha), \qquad \boldsymbol{b} = \boldsymbol{x}(\beta)$$

とするとき，

$$\int_{\substack{a \\ \boldsymbol{C}}}^{b} d(\boldsymbol{x})ds$$

のように書くこともある．

1 変数のふつうの積分は，区間 $[a, b]$ で線要素 dx の場合になっている．そして，1 変数の積分についての議論は，曲線上の積分の場合に一般化される．

たとえば，密度についての C) は，曲線上の点 $\boldsymbol{x}$ をふくむ曲線の部分 $\boldsymbol{B}$ をとって

$$f(\boldsymbol{x}) = \lim_{\boldsymbol{B} \to \boldsymbol{x}} \frac{\displaystyle\int_{\boldsymbol{B}} f(\boldsymbol{x})ds}{\displaystyle\int_{\boldsymbol{B}} ds}$$

となる．また，曲線 $\boldsymbol{C}$ から曲線 $y(\boldsymbol{C})$ への変換で，

$$\lim_{\boldsymbol{B} \to \boldsymbol{x}} \frac{\displaystyle\int_{y(\boldsymbol{B})} ds}{\displaystyle\int_{\boldsymbol{B}} ds}$$

で，拡大率を考えることもできる．

これから，曲線の長さを求める公式が作られる．まず

$$\boldsymbol{C}=\{(x,y);y=f(x),\ a\leqq x\leqq b\}$$

のとき，

$$ds=\sqrt{1+\left(\frac{df}{dx}\right)^2}\,dx$$

であって，

$$m_1(\boldsymbol{C})=\int_a^b\sqrt{1+\left(\frac{df}{dx}\right)^2}\,dx$$

となる．極座標では

$$\boldsymbol{C}=\{(x,y);\rho=f(\varphi),\ \alpha\leqq\varphi\leqq\beta\}$$

のとき

$$ds=\sqrt{f^2+\left(\frac{df}{d\varphi}\right)^2}\,d\varphi$$

となって，

$$m_1(\boldsymbol{C})=\int_\alpha^\beta\sqrt{f^2+\left(\frac{df}{d\varphi}\right)^2}\,d\varphi$$

となる．とくに，円の周は，$f=a$ のときで，当然のことに，

$$\int_0^{2\pi}ad\varphi=2\pi a$$

となる．

一般に，

$$\boldsymbol{x}=\boldsymbol{x}(\boldsymbol{u})$$

と変換すると，

$$dx_i = \sum_j \frac{\partial x_i}{\partial u_j} du_j$$

であるから，

$$dx_i{}^2 = \sum_{j,k} \frac{\partial x_i}{\partial u_j}\frac{\partial x_i}{\partial u_k} du_j du_k$$

となるので，

$$ds^2 = \sum_i dx_i{}^2 = \sum_{i,j,k} \frac{\partial x_i}{\partial u_j}\frac{\partial x_i}{\partial u_k} du_j du_k$$

となる．ここで，$du_j du_k$ の係数は，

$$\sum_i \frac{\partial x_i}{\partial u_j}\frac{\partial x_i}{\partial u_k} = \frac{\partial \boldsymbol{x}}{\partial u_j}\cdot\frac{\partial \boldsymbol{x}}{\partial u_k}$$

となる．そこで，行列を使って書けば，たとえば 3 次元では，

$$ds^2 = [du_1 \quad du_2 \quad du_3]
\begin{bmatrix}
\frac{\partial \boldsymbol{x}}{\partial u_1}\cdot\frac{\partial \boldsymbol{x}}{\partial u_1} & \frac{\partial \boldsymbol{x}}{\partial u_1}\cdot\frac{\partial \boldsymbol{x}}{\partial u_2} & \frac{\partial \boldsymbol{x}}{\partial u_1}\cdot\frac{\partial \boldsymbol{x}}{\partial u_3} \\
\frac{\partial \boldsymbol{x}}{\partial u_2}\cdot\frac{\partial \boldsymbol{x}}{\partial u_1} & \frac{\partial \boldsymbol{x}}{\partial u_2}\cdot\frac{\partial \boldsymbol{x}}{\partial u_2} & \frac{\partial \boldsymbol{x}}{\partial u_2}\cdot\frac{\partial \boldsymbol{x}}{\partial u_3} \\
\frac{\partial \boldsymbol{x}}{\partial u_3}\cdot\frac{\partial \boldsymbol{x}}{\partial u_1} & \frac{\partial \boldsymbol{x}}{\partial u_3}\cdot\frac{\partial \boldsymbol{x}}{\partial u_2} & \frac{\partial \boldsymbol{x}}{\partial u_3}\cdot\frac{\partial \boldsymbol{x}}{\partial u_3}
\end{bmatrix}
\begin{bmatrix} du_1 \\ du_2 \\ du_3 \end{bmatrix}$$

という，$d\boldsymbol{u}$ の 2 次式の形になる．

さらに，2 次元の多様体の上でも，線要素を考えることができる．たとえば，円柱

$$\rho = a$$

の上では，

$$ds^2 = a^2 d\varphi^2 + dz^2$$

となる．そこで，円柱上の曲線，たとえば螺線

$$\boldsymbol{C} = \{(x, y, z); \rho = a,\ \varphi = \omega t,\ z = vt,\ \alpha \leqq t \leqq \beta\}$$

ならば（図 2.22），

$$\begin{aligned} m_1(\boldsymbol{C}) &= \int_\alpha^\beta \sqrt{a^2\omega^2 + v^2}dt \\ &= \sqrt{a^2\omega^2 + v^2}(\beta - \alpha) \end{aligned}$$

で，長さが求まる．これは，円柱を展開して計算しているのと同じである．

展開できない曲面，たとえば球面 $r = a$ の上でも

$$ds^2 = a^2 d\theta^2 + a^2 \sin^2\theta\ d\varphi^2$$

であるから，緯度と経度であたえられた球面上の曲線

$$\boldsymbol{C} = \{(x, y, z); r = a,\ \theta = \theta(t),\ \varphi = \varphi(t),\ \alpha \leqq t \leqq \beta\}$$

にたいして，

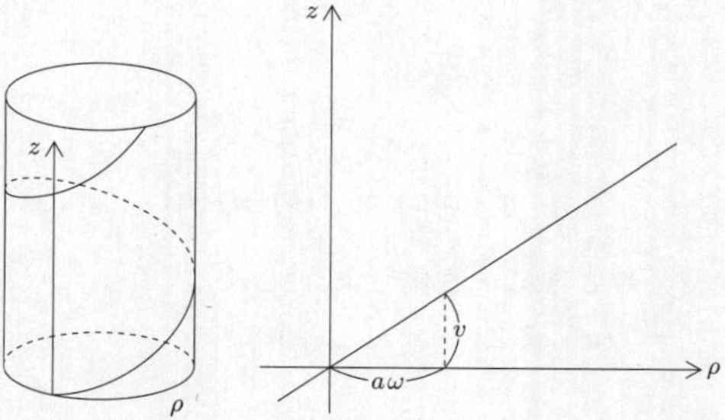

図 2.22

$$m_1(\boldsymbol{C}) = \int_\alpha^\beta a\sqrt{(\theta'(t))^2 + (\varphi'(t)\sin\theta(t))^2}\,dt$$

で，曲線の長さの公式がえられることになる．

一般に，

$$\boldsymbol{x} = \boldsymbol{x}(u_1, u_2)$$

のときは，

$$ds^2 = [du_1 \quad du_2]\begin{bmatrix} \dfrac{\partial \boldsymbol{x}}{\partial u_1}\cdot\dfrac{\partial \boldsymbol{x}}{\partial u_1} & \dfrac{\partial \boldsymbol{x}}{\partial u_1}\cdot\dfrac{\partial \boldsymbol{x}}{\partial u_2} \\ \dfrac{\partial \boldsymbol{x}}{\partial u_2}\cdot\dfrac{\partial \boldsymbol{x}}{\partial u_1} & \dfrac{\partial \boldsymbol{x}}{\partial u_2}\cdot\dfrac{\partial \boldsymbol{x}}{\partial u_2} \end{bmatrix}\begin{bmatrix} du_1 \\ du_2 \end{bmatrix}$$

$$= \left(\left(\frac{\partial x_1}{\partial u_1}\right)^2 + \left(\frac{\partial x_2}{\partial u_1}\right)^2 + \left(\frac{\partial x_3}{\partial u_1}\right)^2\right) {du_1}^2$$

$$+2\left(\frac{\partial x_1}{\partial u_1}\frac{\partial x_1}{\partial u_2} + \frac{\partial x_2}{\partial u_1}\frac{\partial x_2}{\partial u_2} + \frac{\partial x_3}{\partial u_1}\frac{\partial x_3}{\partial u_2}\right) du_1 du_2$$

$$+\left(\left(\frac{\partial x_1}{\partial u_2}\right)^2 + \left(\frac{\partial x_2}{\partial u_2}\right)^2 + \left(\frac{\partial x_3}{\partial u_2}\right)^2\right) {du_2}^2$$

となることになる．

つぎに，

$$\int_a^b f'(x)dx = f(b) - f(a)$$

を，線積分のときに一般化しよう．

関数 $f = f(\boldsymbol{x})$ にたいし，

$$df = f'(\boldsymbol{x})d\boldsymbol{x}$$
$$= \frac{\partial f}{\partial x_1}dx_1 + \frac{\partial f}{\partial x_2}dx_2 + \frac{\partial f}{\partial x_3}dx_3$$

となっている．

一般に，

$$\omega = g_1 dx_1 + g_2 dx_2 + g_3 dx_3$$

のようにして作ったものを，1次微分式という．これは，1点 $\boldsymbol{x}$ の局所座標 $d\boldsymbol{x}$ ごとに1次関数としてえられる．この g_1, g_2, g_3 は各点 $\boldsymbol{x}$ で，定数でなくてもよいことにする．しかし，つなぐことができるように，連続性や微分可能性をつけておく．

このとき，関数 $\boldsymbol{x} \longmapsto \boldsymbol{g} = \boldsymbol{g}(\boldsymbol{x})$ は各点 $\boldsymbol{x}$ に，ベクトル $\boldsymbol{g}(\boldsymbol{x})$ の対応したもの，すなわちベクトル場である．

ここで，$\omega = \boldsymbol{g} \cdot d\boldsymbol{x}$ は，各点ごとに，局所座標の1次関数を考えたことになっている．

$$df = (\mathbf{grad}\, f) \cdot d\boldsymbol{x}$$

は，とくに勾配ベクトルの場合で，微分式のうちでも，特別の場合になっている．微分の逆を考える問題，すなわち $\boldsymbol{g}$ があたえられたとき，

$$\boldsymbol{g} = \mathbf{grad}\, f$$

となる f が存在するか，という問題は，1変数の場合とちがって，無条件では成立しないが，それについてはあと（§10）で論ずることにする．

さて，一般の微分式 ω にたいして曲線 $\boldsymbol{C}$ 上で，

$$\int_C \omega = \int_C g_1 dx_1 + g_2 dx_2 + g_3 dx_3$$
$$= \int \left(g_1 \frac{dx_1}{dt} + g_2 \frac{dx_2}{dt} + g_3 \frac{dx_3}{dt} \right) dt$$

として，積分を定義する．これは，

$$\int_C \omega = \int \left(g_1 \frac{dx_1}{ds} + g_2 \frac{dx_2}{ds} + g_3 \frac{dx_3}{ds} \right) ds$$

ただし，

$$\frac{dx_i}{ds} = \frac{\dfrac{dx_i}{dt}}{\dfrac{ds}{dt}} = \frac{\dfrac{dx_i}{dt}}{\sqrt{\left(\dfrac{dx_1}{dt}\right)^2 + \left(\dfrac{dx_2}{dt}\right)^2 + \left(\dfrac{dx_3}{dt}\right)^2}}$$

とも書けるから，線積分の特別の場合と考えることもできる．

ただし，この線積分は，ふつうの線積分の場合とちが

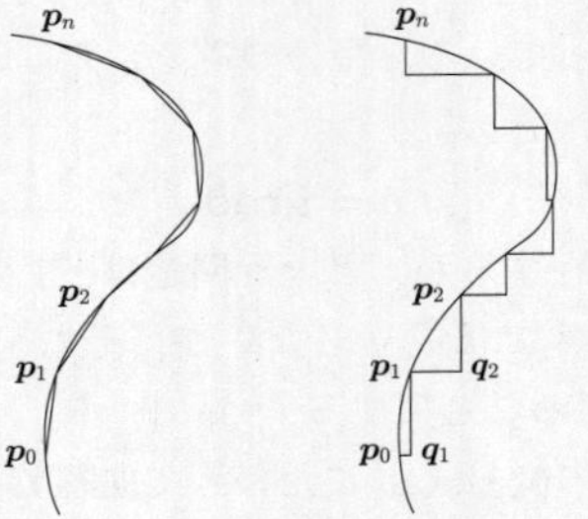

図 2.23

った特徴がある．それは，$\boldsymbol{dx}$ に関して１次（線型）である，ということである．曲線の長さを折れ線で近似するとき，弦から作った折れ線で近似できるが，ジグザグに座標軸に平行な折れ線で近似するわけにはいかない（図 2.23）．これは，ds の式を作っている

$$f(\boldsymbol{X})=\sqrt{X_1{}^2+X_2{}^2+X_3{}^2}$$

が，

$$f(\boldsymbol{X}r)=f(\boldsymbol{X})\,|r|$$

の意味で正１次とはいえるが，

$$f(\boldsymbol{X}+\boldsymbol{X}')\neq f(\boldsymbol{X})+f(\boldsymbol{X}')$$

であることに由来している．これにたいして，$\boldsymbol{g}\cdot\boldsymbol{dx}$ は $\boldsymbol{dx}$ の１次式であって，ジグザグの折れ線で近似可能である．

さて，とくに勾配ベクトルについては，

［定理］ 曲線

$$\boldsymbol{C}=\{\boldsymbol{x};\boldsymbol{x}=\boldsymbol{x}(t),\ \alpha\leqq t\leqq\beta\},$$
$$\boldsymbol{a}=\boldsymbol{x}(\alpha),\quad \boldsymbol{b}=\boldsymbol{x}(\beta)$$

について，

$$\int_{\boldsymbol{C}}(\mathbf{grad}\,f)\cdot\boldsymbol{dx}=f(\boldsymbol{b})-f(\boldsymbol{a})$$

となる．

［証明］

$$\int_{\boldsymbol{C}}(\mathbf{grad}\,f)\cdot\boldsymbol{dx}=\int_\alpha^\beta\frac{d}{dt}f(\boldsymbol{x}(t))dt$$
$$=f(\boldsymbol{x}(\beta))-f(\boldsymbol{x}(\alpha)).$$

〈証明おわり〉

これはまさしく，まえの A）の一般化で，$\boldsymbol{C}$ の境界を

$$\partial \boldsymbol{C}=\{(\boldsymbol{a},-1),\ (\boldsymbol{b},+1)\}$$

として，

$$\int_{C} df = I_{a,-1}(f)+I_{b,+1}(f)$$

となっているわけである．

[練習問題] 次の曲面上の線要素を計算せよ．

1） $z=f(x, y)$

2） $z=f(\rho, \varphi)$

3） $r=r(\theta, \varphi)$

7. 面積分

こんどは，一般の曲面の上で，面積を考えよう．

こんども，まず 1 次のときからはじめる．3 次元空間の中で，平面

$$\begin{bmatrix} X_1 \\ X_2 \\ X_3 \end{bmatrix} = \begin{bmatrix} a_1 \\ a_2 \\ a_3 \end{bmatrix} T + \begin{bmatrix} b_1 \\ b_2 \\ b_3 \end{bmatrix} S$$

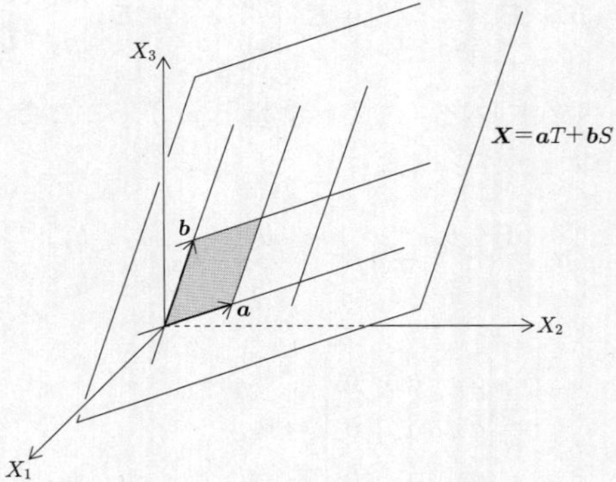

図 2.24

を考える．このとき，$\boldsymbol{a}$ と $\boldsymbol{b}$ で作った平行 4 辺形の面積を考える．

それは，線型代数の外積とベクトル積の理論になる．ここで，3 つの座標平面への射影を考えるのに，外積の計算で

$$(\boldsymbol{E}_1 a_1 + \boldsymbol{E}_2 a_2 + \boldsymbol{E}_3 a_3) \times (\boldsymbol{E}_1 b_1 + \boldsymbol{E}_2 b_2 + \boldsymbol{E}_3 b_3)$$

$$= (\boldsymbol{E}_2 \times \boldsymbol{E}_3) \begin{vmatrix} a_2 & b_2 \\ a_3 & b_3 \end{vmatrix} + (\boldsymbol{E}_3 \times \boldsymbol{E}_1) \begin{vmatrix} a_3 & b_3 \\ a_1 & b_1 \end{vmatrix}$$

$$+ (\boldsymbol{E}_1 \times \boldsymbol{E}_2) \begin{vmatrix} a_1 & b_1 \\ a_2 & b_2 \end{vmatrix}$$

となる．ここで，

$$\boldsymbol{a} \times \boldsymbol{b} = \boldsymbol{E}_1 \begin{vmatrix} a_2 & b_2 \\ a_3 & b_3 \end{vmatrix} + \boldsymbol{E}_2 \begin{vmatrix} a_3 & b_3 \\ a_1 & b_1 \end{vmatrix} + \boldsymbol{E}_3 \begin{vmatrix} a_1 & b_1 \\ a_2 & b_2 \end{vmatrix}$$

というベクトルを，ベクトル積という．ここで，$\boldsymbol{a} \times \boldsymbol{b}$ は，$\boldsymbol{a}, \boldsymbol{b}$ と直交することは，

$$a_1 \begin{vmatrix} a_2 & b_2 \\ a_3 & b_3 \end{vmatrix} + a_2 \begin{vmatrix} a_3 & b_3 \\ a_1 & b_1 \end{vmatrix} + a_3 \begin{vmatrix} a_1 & b_1 \\ a_2 & b_2 \end{vmatrix}$$

$$= \begin{vmatrix} a_1 & a_1 & b_1 \\ a_2 & a_2 & b_2 \\ a_3 & a_3 & b_3 \end{vmatrix} = 0$$

などからわかる．また，$\boldsymbol{a}$ から $\boldsymbol{b}$ へ回したとき右ネジの進む方向を向いていることは，

$$\begin{vmatrix} a_1 & b_1 & \begin{vmatrix} a_2 & b_2 \\ a_3 & b_3 \end{vmatrix} \\ a_2 & b_2 & \begin{vmatrix} a_3 & b_3 \\ a_1 & b_1 \end{vmatrix} \\ a_3 & b_3 & \begin{vmatrix} a_1 & b_1 \\ a_2 & b_2 \end{vmatrix} \end{vmatrix} = |\boldsymbol{a}\times\boldsymbol{b}|^2 \geqq 0$$

からわかる．ところで，

$$|\boldsymbol{a}\times\boldsymbol{b}|^2 = \begin{vmatrix} a_2 & b_2 \\ a_3 & b_3 \end{vmatrix}^2 + \begin{vmatrix} a_3 & b_3 \\ a_1 & b_1 \end{vmatrix}^2 + \begin{vmatrix} a_1 & b_1 \\ a_2 & b_2 \end{vmatrix}^2$$

であるが，これはまた，

$$\begin{aligned} \det\left(\begin{bmatrix} a_1 & a_2 & a_3 \\ b_1 & b_2 & b_3 \end{bmatrix}\begin{bmatrix} a_1 & b_1 \\ a_2 & b_2 \\ a_3 & b_3 \end{bmatrix}\right) &= \begin{vmatrix} \boldsymbol{a}\cdot\boldsymbol{a} & \boldsymbol{a}\cdot\boldsymbol{b} \\ \boldsymbol{b}\cdot\boldsymbol{a} & \boldsymbol{b}\cdot\boldsymbol{b} \end{vmatrix} \\ &= |\boldsymbol{a}|^2\,|\boldsymbol{b}|^2 - (\boldsymbol{a}\cdot\boldsymbol{b})^2 \\ &= |\boldsymbol{a}|^2\,|\boldsymbol{b}|^2(1-\cos^2\widehat{\boldsymbol{ab}}) \\ &= |\boldsymbol{a}|^2\,|\boldsymbol{b}|^2\sin^2\widehat{\boldsymbol{ab}} \end{aligned}$$

となって，平行 4 辺形の面積にひとしい．すなわち，

$$|\boldsymbol{a}\times\boldsymbol{b}|^2 = \begin{vmatrix} a_2 & b_2 \\ a_3 & b_3 \end{vmatrix}^2 + \begin{vmatrix} a_3 & b_3 \\ a_1 & b_1 \end{vmatrix}^2 + \begin{vmatrix} a_1 & b_1 \\ a_2 & b_2 \end{vmatrix}^2$$

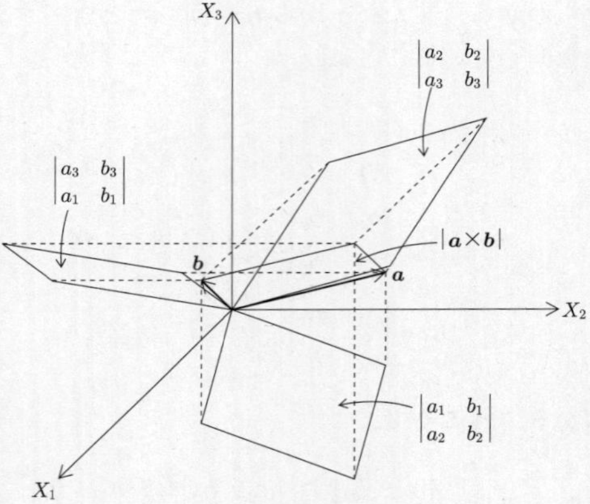

図 2.25

という式は，面積に関するピタゴラスの関係を意味している．

この

$$G(\boldsymbol{a},\boldsymbol{b}) = \begin{vmatrix} \boldsymbol{a}\cdot\boldsymbol{a} & \boldsymbol{a}\cdot\boldsymbol{b} \\ \boldsymbol{b}\cdot\boldsymbol{a} & \boldsymbol{b}\cdot\boldsymbol{b} \end{vmatrix}$$

を，グラミアンという．

そこで，ベクトル積というのは，面積

$$|\boldsymbol{a}\times\boldsymbol{b}| = \sqrt{G(\boldsymbol{a},\boldsymbol{b})}$$

にひとしい大きさを持ったベクトルで，$\boldsymbol{a}$ から $\boldsymbol{b}$ に作った平行 4 辺形の法線の方向を向いていることになる．

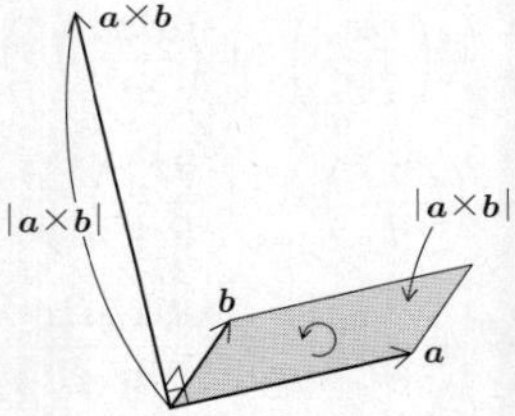

図 2.26

ここで，法線というときは，平行4辺形の，$\boldsymbol{a}$ から $\boldsymbol{b}$ へという方向に，右ネジをまわして進む方向をとることにする．

このようにすると，平面については，$\boldsymbol{a}$ と $\boldsymbol{b}$ で作った平行4辺形を単位として，面積が考えられることになる．

一般の曲面 $\boldsymbol{x}=\boldsymbol{x}(t_1, t_2)$ では，微分して，

$$d\boldsymbol{x} = \frac{\partial \boldsymbol{x}}{\partial t_1} dt_1 + \frac{\partial \boldsymbol{x}}{\partial t_2} dt_2$$

とすることによって，無限小面積

$$dS = \left| \frac{\partial \boldsymbol{x}}{\partial t_1} \times \frac{\partial \boldsymbol{x}}{\partial t_2} \right| dt_1 dt_2$$

が考えられる．

これは，

$$dS^2 = G\left(\frac{\partial \boldsymbol{x}}{\partial t_1}, \frac{\partial \boldsymbol{x}}{\partial t_2}\right) (dt_1 dt_2)^2$$

$$= \left(\left(\frac{\partial \boldsymbol{x}}{\partial t_1}\right)^2 \left(\frac{\partial \boldsymbol{x}}{\partial t_2}\right)^2 - \left(\frac{\partial \boldsymbol{x}}{\partial t_1} \cdot \frac{\partial \boldsymbol{x}}{\partial t_2}\right)^2\right) (dt_1 dt_2)^2$$

$$
\begin{aligned}
&= \left(\left(\left(\frac{\partial x_1}{\partial t_1} \right)^2 + \left(\frac{\partial x_2}{\partial t_1} \right)^2 + \left(\frac{\partial x_3}{\partial t_1} \right)^2 \right) \right. \\
&\qquad \left(\left(\frac{\partial x_1}{\partial t_2} \right)^2 + \left(\frac{\partial x_2}{\partial t_2} \right)^2 + \left(\frac{\partial x_3}{\partial t_2} \right)^2 \right) \\
&\qquad \left. - \left(\frac{\partial x_1}{\partial t_1}\frac{\partial x_1}{\partial t_2} + \frac{\partial x_2}{\partial t_1}\frac{\partial x_2}{\partial t_2} + \frac{\partial x_3}{\partial t_1}\frac{\partial x_3}{\partial t_2} \right)^2 \right) (dt_1 dt_2)^2
\end{aligned}
$$

とも書けるし,

$$
\begin{aligned}
dS^2 &= \left| \frac{\partial \boldsymbol{x}}{\partial t_1} \times \frac{\partial \boldsymbol{x}}{\partial t_2} \right|^2 (dt_1 dt_2)^2 \\
&= \left(\left(\frac{\partial(x_2, x_3)}{\partial(t_1, t_2)} \right)^2 + \left(\frac{\partial(x_3, x_1)}{\partial(t_1, t_2)} \right)^2 \right. \\
&\qquad \left. + \left(\frac{\partial(x_1, x_2)}{\partial(t_1, t_2)} \right)^2 \right) (dt_1 dt_2)^2
\end{aligned}
$$

と書いてもよい, この dS を曲面上の面積要素という.

また,

$$
d\boldsymbol{S} = \left(\frac{\partial \boldsymbol{x}}{\partial t_1} dt_1 \right) \times \left(\frac{\partial \boldsymbol{x}}{\partial t_2} dt_2 \right)
$$

は, この曲面の法線方向をむいて,

$$
dS = |d\boldsymbol{S}|
$$

の大きさのベクトルになる. これを面積ベクトルという.

ただし, 法線の方向を定めるために, 向きを定める仕方が一定していなければならない. 紙を一度ねじってつないだ帯(メビュースの帯)のような場合, 一度まわって帰ってくると, 表と裏が入れかわってしまうわけで, 向きが定められない. このようなものは考えないで, 方向の定めうるものだけを問題にする．とくに，閉じた曲面については，法線は外側を正とすることにしておく．

3次元空間で，

$$dS^2 = \left(\left(\frac{\partial(x_2, x_3)}{\partial(t_1, t_2)} \right)^2 + \left(\frac{\partial(x_3, x_1)}{\partial(t_1, t_2)} \right)^2 + \left(\frac{\partial(x_1, x_2)}{\partial(t_1, t_2)} \right)^2 \right) (dt_1 dt_2)^2$$

であったが，

$$dx_2 dx_3 = \frac{\partial(x_2, x_3)}{\partial(t_1, t_2)} dt_1 dt_2$$

などであるから，

$$dS^2 = (dx_2 dx_3)^2 + (dx_3 dx_1)^2 + (dx_1 dx_2)^2$$

のように書き，これを3次元空間の面積要素ということもある．面積ベクトルについても，

$$d\boldsymbol{S} = \begin{bmatrix} dx_2 dx_3 \\ dx_3 dx_1 \\ dx_1 dx_2 \end{bmatrix}$$

のように考える．

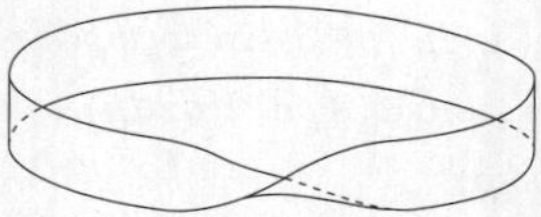

図 2.27

この式から出発して，いろいろな座標で，いろいろな曲面の上で面積要素や面積ベクトルが計算できる．ただし，これらの記法で，dx_2dx_3 という乗法は外積であり，$(dx_2dx_3)^2$ と2乗を考える部分は内積である．この点，混乱しやすい．

まず，

$$d\boldsymbol{S} = \begin{bmatrix} dydz \\ dzdx \\ dxdy \end{bmatrix}$$

$$= \begin{bmatrix} (\sin\varphi\ d\rho + \rho\cos\varphi\ d\varphi)dz \\ dz(\cos\varphi\ d\rho - \rho\sin\varphi\ d\varphi) \\ (\cos\varphi\ d\rho - \rho\sin\varphi\ d\varphi)(\sin\varphi\ d\rho + \rho\cos\varphi\ d\varphi) \end{bmatrix}$$

$$= \begin{bmatrix} \rho\cos\varphi\ d\varphi dz - \sin\varphi\ dzd\rho \\ \rho\sin\varphi\ d\varphi dz + \cos\varphi\ dzd\rho \\ \rho d\rho d\varphi \end{bmatrix}$$

$$\begin{aligned} dS^2 &= (\rho\cos\varphi\ d\varphi dz - \sin\varphi\ dzd\rho)^2 \\ &\quad + (\rho\sin\varphi\ d\varphi dz + \cos\varphi\ dzd\rho)^2 + (\rho d\rho d\varphi)^2 \\ &= \rho^2\cos^2\varphi(d\varphi dz)^2 - 2\rho\cos\varphi\sin\varphi(d\varphi dz)(dzd\rho) \\ &\quad + \sin^2\varphi(dzd\rho)^2 + \rho^2\sin^2\varphi(d\varphi dz)^2 \\ &\quad + 2\rho\cos\varphi\sin\varphi(d\varphi dz)(dzd\rho) + \cos^2\varphi(dzd\rho)^2 \\ &\quad + \rho^2(d\rho d\varphi)^2 \\ &= \rho^2(d\varphi dz)^2 + (dzd\rho)^2 + \rho^2(d\rho d\varphi)^2 \end{aligned}$$

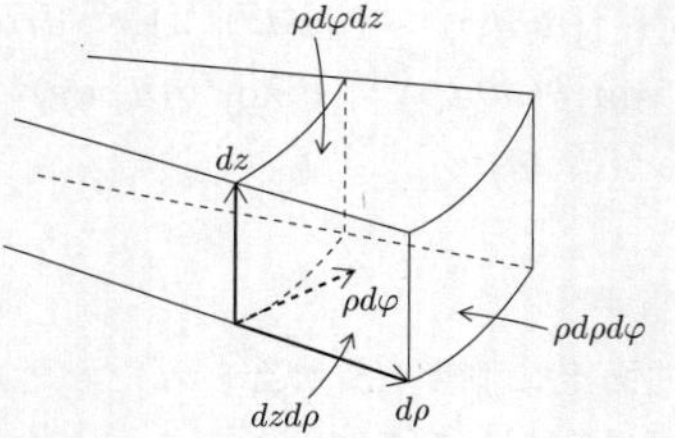

図 2.28

となる．この前半は外積の計算で§5のくり返し，後半は内積の計算で§6のくり返しである．

さらに，極座標の場合は，

$$\begin{aligned} dS^2 &= \rho^2(d\varphi dz)^2 + (dzd\rho)^2 + \rho^2(d\rho d\varphi)^2 \\ &= \rho^2(d\varphi \times (\sin\theta\, dr + r\cos\theta\, d\theta))^2 + (rdrd\theta)^2 \\ &\quad + \rho^2((\cos\theta\ dr - r\sin\theta\ d\theta)\times d\varphi)^2 \end{aligned}$$

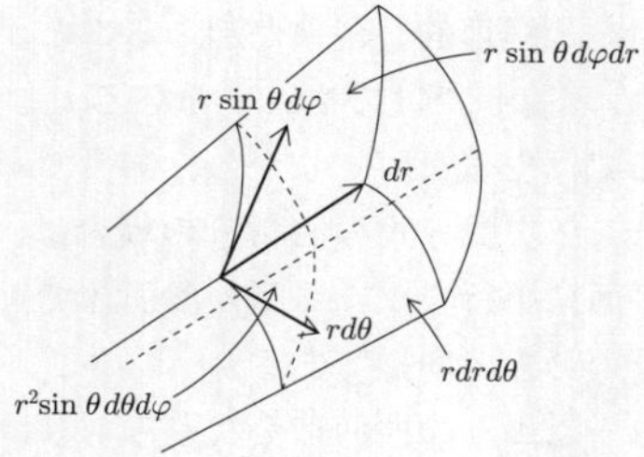

図 2.29

$$
\begin{aligned}
&= \rho^2(r^2(d\theta d\varphi)^2 + (d\varphi dr)^2) + r^2(dr d\theta)^2 \\
&= r^4 \sin^2\theta (d\theta d\varphi)^2 + r^2 \sin^2\theta (d\varphi dr)^2 \\
&\quad + r^2(dr d\theta)^2
\end{aligned}
$$

となる.

そこで，曲面上に測度 dS がえられたわけだから，それによる積分が考えられる．曲面

$$
\boldsymbol{S} = \{\boldsymbol{x}; \boldsymbol{x} = \boldsymbol{x}(t_1, t_2),\ (t_1, t_2) \in \boldsymbol{D}\}
$$

があるとき，

$$
\iint_S f(\boldsymbol{x}) dS = \iint_D f(\boldsymbol{x}(t_1, t_2)) \sqrt{G\left(\frac{\partial \boldsymbol{x}}{\partial t_1}, \frac{\partial \boldsymbol{x}}{\partial t_2}\right)} dt_1 dt_2
$$

として，面積分を定義し，曲面積は，

$$
m_2(\boldsymbol{S}) = \iint_S dS
$$

と定義する.

線積分の場合には，折れ線近似で到達しうるが，面積分を多面体から近似しようとすると，近似の自由度が多いために，いろいろと病理的な現象が起こることが知られており，「曲面積の理論」だけでも，いろいろとコルことができるが，ここではやらない．しかし，あとで考える面積分の特別な場合，2次微分式の面積分の場合は，1次性がきいて，座標平面に平行なツミキ型の多面体で近似可能なことは，線積分のときと同様である.

これらから，ふつうの曲面積公式がみちびける.

まず，

$$S = \{(x, y, z); z = f(x, y),\ (x, y) \in D\}$$

上で,

$$dS^2 = \left(\left(\frac{\partial f}{\partial y}\right)^2 + \left(\frac{\partial f}{\partial x}\right)^2 + 1\right)(dxdy)^2$$

より,

$$m_2(S) = \iint_D \sqrt{1 + \left(\frac{\partial f}{\partial x}\right)^2 + \left(\frac{\partial f}{\partial y}\right)^2}\, dxdy$$

となる．つぎに,

$$S = \{(x, y, z); z = f(\rho, \varphi),\ (\rho, \varphi) \in D\}$$

では,

$$\begin{aligned} dS^2 &= \rho^2(d\varphi dz)^2 + (dzd\rho)^2 + \rho^2(d\rho d\varphi)^2 \\ &= \left(\rho^2\left(\frac{\partial f}{\partial \rho}\right)^2 + \left(\frac{\partial f}{\partial \varphi}\right)^2 + \rho^2\right)(d\rho d\varphi)^2 \end{aligned}$$

より,

$$m_2(S) = \iint_D \sqrt{\rho^2 + \rho^2\left(\frac{\partial f}{\partial \rho}\right)^2 + \left(\frac{\partial f}{\partial \varphi}\right)^2}\, d\rho d\varphi$$

となる．極座標については,

$$S = \{(x, y, z); r = f(\theta, \varphi),\ (\theta, \varphi) \in D\}$$

にたいして,

$$\begin{aligned} &dS^2 \\ &= r^4\sin^2\theta(d\theta d\varphi)^2 + r^2\sin^2\theta(d\varphi dr)^2 + r^2(drd\theta)^2 \\ &= \left(f^4\sin^2\theta + f^2\sin^2\theta\left(\frac{\partial f}{\partial \theta}\right)^2 + f^2\left(\frac{\partial f}{\partial \varphi}\right)^2\right)(d\theta d\varphi)^2 \end{aligned}$$

より,

$$m_2(\boldsymbol{S}) = \iint_D f \sqrt{f^2\sin^2\theta + \sin^2\theta\left(\frac{\partial f}{\partial \theta}\right)^2 + \left(\frac{\partial f}{\partial \varphi}\right)^2} d\theta d\varphi$$

となる.

特別な場合として，回転面

$$\boldsymbol{S} = \{(x, y, z); \rho = f(z),\ \alpha \leqq z \leqq \beta\}$$

では，

$$\begin{aligned} dS^2 &= \rho^2(d\varphi dz)^2 + (dzd\rho)^2 + \rho^2(d\rho d\varphi)^2 \\ &= (f^2 + f^2 f'^2)(d\varphi dz)^2 \end{aligned}$$

となって，

$$\begin{aligned} m_2(\boldsymbol{S}) &= \int_0^{2\pi} d\varphi \int_\alpha^\beta f\sqrt{1+f'^2}dz \\ &= \int_\alpha^\beta 2\pi f\sqrt{1+f'^2}dz \end{aligned}$$

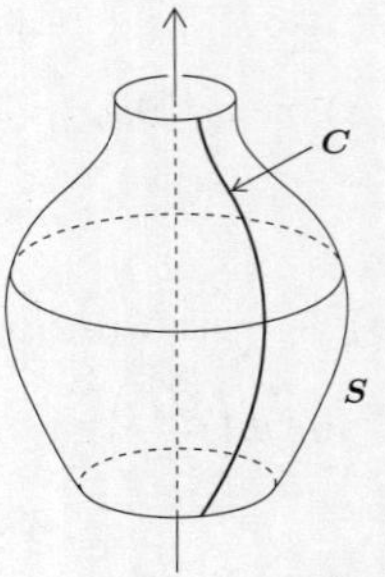

図 2.30

となる．ここで，

$$\boldsymbol{C}=\{(x,y,z);\rho=f(z),\ \varphi=0,\ \alpha\leqq z\leqq\beta\}$$

とすると，この式は，

$$m_2(\boldsymbol{S})=\int_{\boldsymbol{C}}2\pi f ds$$

とも書ける．すなわち，円周 $2\pi f$ の線積分と考えてもよいわけである．とくに，円柱面 $\rho=a$ 上では，法線を外向きにとって，

$$dS=ad\varphi dz$$

となる．これは，展開してみれば当然のことである（図 2.31）．

球面 $r=a$ については，法線を外向きにとって，

$$dS=a^2\sin\theta\ d\theta d\varphi$$

となる．これは，極座標の体積要素の公式

$$dV=r^2\sin\theta\ drd\theta d\varphi$$

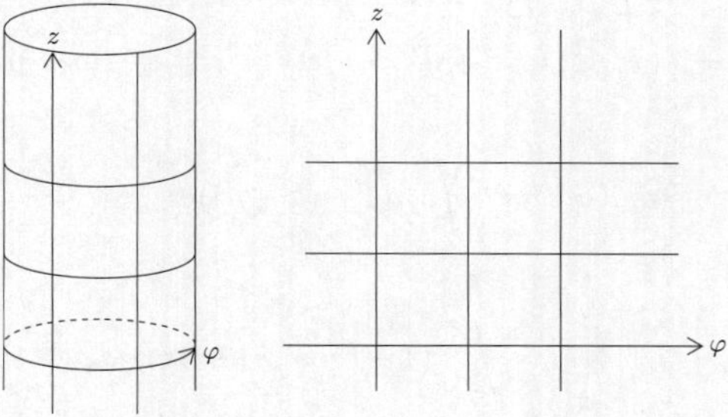

図 2.31

に対応しているとも考えられる．円柱の面積要素 $ad\varphi dz$ は，同様に，円柱座標の体積要素

$$dV = \rho d\rho d\varphi dz$$

の一部分である．

球の表面積は，これから，

$$\int_0^{\pi} d\theta \int_0^{2\pi} a^2 \sin\theta \, d\varphi = 4\pi a^2$$

となる．

円柱，さらに一般に回転面では，

$$ds_1 = f d\varphi, \qquad ds_2 = \sqrt{1+(f')^2} dz$$

は円および $\boldsymbol{C}$ の線要素になっている．円柱では，

$$ds = a d\varphi$$

が円の線要素である．球面についても，

$$ds_1 = a d\theta, \qquad ds_2 = a \sin\theta \, d\varphi$$

が，それぞれ，子午線と緯円の線要素である．

曲面上の領域の面積の計算には，その曲面上の面積要素を考えればよい．たとえば，

$$\boldsymbol{S} = \{(x, y, z); x^2+y^2 = 1,\ 0 \leqq z \leqq 1-(x+y)\}$$

では，

$$m_2(\boldsymbol{S}) = \int_{\substack{x^2+y^2=1 \\ x+y \leqq 1}} (1-(x+y))ds$$

$$= \int_{\frac{\pi}{2}}^{2\pi} (1-(\cos\varphi + \sin\varphi))d\varphi$$

$$= 2 + \frac{3}{2}\pi$$

のように計算する.

[練習問題]　$m_2(\boldsymbol{S})$ を計算せよ.

1)　$\boldsymbol{S} = \{(x, y, z); x^2 + y^2 = 1,$
$y^2 - x^2 \leqq z \leqq x^2 - y^2\}$

2)　$\boldsymbol{S} = \{(x, y, z); x^2 + y^2 = 1,\ y^2 + z^2 \leqq 1\}$

3)　$\boldsymbol{S} = \{(x, y, z); x^2 + y^2 = 1,\ y^2 + z^2 \leqq 1,$
$z^2 + x^2 \leqq 1\}$

8. 回転

スカラー場 f にたいして，

$$df = (\mathbf{grad}\, f)\cdot d\boldsymbol{x}$$

となった．さらに，一般のベクトル場 $\boldsymbol{g}$ による微分式

$$\omega = \boldsymbol{g}\cdot d\boldsymbol{x}$$

を考える．これは，かならずしも，df の形とはかぎらない．

ここで，1 次微分式 ω にたいする微分 $d\omega$ という概念を導入する．さしあたり，形式的に

$$d\left(\sum_i g_i dx_i\right) = \sum_i dg_i dx_i$$

としよう．ただし，dx_i の乗法は外積の意味で考える．3 次元の場合に，実際に計算してみよう．

$$\begin{aligned}
&d(g_1 dx_1 + g_2 dx_2 + g_3 dx_3)\\
&\quad = \left(\frac{\partial g_1}{\partial x_1}dx_1 + \frac{\partial g_1}{\partial x_2}dx_2 + \frac{\partial g_1}{\partial x_3}dx_3\right)dx_1\\
&\qquad + \left(\frac{\partial g_2}{\partial x_1}dx_1 + \frac{\partial g_2}{\partial x_2}dx_2 + \frac{\partial g_2}{\partial x_3}dx_3\right)dx_2\\
&\qquad + \left(\frac{\partial g_3}{\partial x_1}dx_1 + \frac{\partial g_3}{\partial x_2}dx_2 + \frac{\partial g_3}{\partial x_3}dx_3\right)dx_3
\end{aligned}$$

$$= \left(\frac{\partial g_3}{\partial x_2} - \frac{\partial g_2}{\partial x_3}\right) dx_2 dx_3 + \left(\frac{\partial g_1}{\partial x_3} - \frac{\partial g_3}{\partial x_1}\right) dx_3 dx_1 + \left(\frac{\partial g_2}{\partial x_1} - \frac{\partial g_1}{\partial x_2}\right) dx_1 dx_2$$

となる．ここで，面積ベクトル

$$d\boldsymbol{S} = \begin{bmatrix} dx_2 dx_3 \\ dx_3 dx_1 \\ dx_1 dx_2 \end{bmatrix}$$

の1次式がえられたことになる．一般に，ベクトル場 $\boldsymbol{h}$ があって

$$\boldsymbol{h} \cdot d\boldsymbol{S} = h_1 dx_2 dx_3 + h_2 dx_3 dx_1 + h_3 dx_1 dx_2$$

のように表わされる1次式のことを，2次微分式という．ここで，

$$\mathbf{rot}\,\boldsymbol{g} = \begin{bmatrix} \dfrac{\partial g_3}{\partial x_2} - \dfrac{\partial g_2}{\partial x_3} \\ \dfrac{\partial g_1}{\partial x_3} - \dfrac{\partial g_3}{\partial x_1} \\ \dfrac{\partial g_2}{\partial x_1} - \dfrac{\partial g_1}{\partial x_2} \end{bmatrix}$$

というベクトル場を考えると，

$$d(\boldsymbol{g} \cdot d\boldsymbol{x}) = (\mathbf{rot}\,\boldsymbol{g}) \cdot d\boldsymbol{S}$$

となる．すなわち，スカラー f を微分すると1次微分式 $(\mathbf{grad}\,f) \cdot d\boldsymbol{x}$ がえられたように，1次微分式 $\boldsymbol{g} \cdot d\boldsymbol{x}$ を微分すると2次微分式 $(\mathbf{rot}\,\boldsymbol{g}) \cdot d\boldsymbol{S}$ がえられるのである．記

号的に，

$$\frac{\partial g_3}{\partial x_2} - \frac{\partial g_2}{\partial x_3} = \begin{vmatrix} \dfrac{\partial}{\partial x_2} & g_2 \\ \dfrac{\partial}{\partial x_3} & g_3 \end{vmatrix}$$

のように書けば，

$$\mathbf{rot}\, \boldsymbol{g} = \mathbf{grad} \times \boldsymbol{g},$$

$$(\mathbf{rot}\, \boldsymbol{g}) \cdot d\boldsymbol{S} = \begin{vmatrix} \dfrac{\partial}{\partial x_1} & g_1 & dx_2 dx_3 \\ \dfrac{\partial}{\partial x_2} & g_2 & dx_3 dx_1 \\ \dfrac{\partial}{\partial x_3} & g_3 & dx_1 dx_2 \end{vmatrix}$$

と書ける．

一般に n 次元でいえば，

$$\begin{aligned} d\left(\sum_i g_i dx_i\right) &= \sum_{i,j} \frac{\partial g_i}{\partial x_j} dx_j dx_i \\ &= \sum_{i<j} \left(\frac{\partial g_j}{\partial x_i} - \frac{\partial g_i}{\partial x_j}\right) dx_i dx_j \end{aligned}$$

ということになる．とくに，2 次元では，

$$d(g_1 dx_1 + g_2 dx_2) = \left(\frac{\partial g_2}{\partial x_1} - \frac{\partial g_1}{\partial x_2}\right) dx_1 dx_2$$

である．そこで，

$$\mathrm{rot}\, \boldsymbol{g} = \frac{\partial g_2}{\partial x_1} - \frac{\partial g_1}{\partial x_2}$$

とすると，

$$d(\boldsymbol{g}\cdot d\boldsymbol{x}) = (\mathrm{rot}\,\boldsymbol{g})dS$$

となっている．

この量，$\mathbf{rot}\,\boldsymbol{g}$ のことを，$\boldsymbol{g}$ の回転（rotation）(3 次元ならベクトル，2 次元ではスカラー）という．この量の意味を考えてみよう．これは，ともかく，無限小の面積要素の 1 次関数である．したがって，それはなんらかの意味で，ある量の局所的なものとして意味があるわけで，その意味を知るためには，大局的な考察をするために積分を考えねばならない．

一般に，2 次微分式

$$\boldsymbol{h}\cdot d\boldsymbol{S} = h_1 dx_2 dx_3 + h_2 dx_3 dx_1 + h_3 dx_1 dx_2$$

は，面積要素の 1 次式であるから，曲面

$$\boldsymbol{S} = \{\boldsymbol{x};\boldsymbol{x} = \boldsymbol{x}(t_1, t_2),\ (t_1, t_2) \in \boldsymbol{D}\}$$

上で，面積分

$$\iint_S \boldsymbol{h}\cdot d\boldsymbol{S} = \iint_D \left(h_1 \frac{\partial(x_2, x_3)}{\partial(t_1, t_2)} + h_2 \frac{\partial(x_3, x_1)}{\partial(t_1, t_2)} + h_3 \frac{\partial(x_1, x_2)}{\partial(t_1, t_2)} \right) dt_1 dt_2$$

が考えられる．これは§7 で考えた面積分の特別の場合と考えることができるが，とくに 1 次性のために，座標平面に平行な面のみからなる，ツミキ型の多面体で近似可能である．

ここで，基本的なのは，次の定理である．

［定理］ 1） 2 次元空間で，曲線 $\partial \boldsymbol{S}$ でかこまれた領域 $\boldsymbol{S}$ にたいし

$$\iint_{S} (\mathrm{rot}\, \boldsymbol{g}) dS = \int_{\partial S} \boldsymbol{g} \cdot d\boldsymbol{x}.$$

2） 3 次元空間で，曲線 $\partial \boldsymbol{S}$ でかこまれた曲面 $\boldsymbol{S}$ にたいし，

$$\iint_{S} (\mathbf{rot}\, \boldsymbol{g}) \cdot d\boldsymbol{S} = \int_{\partial S} \boldsymbol{g} \cdot d\boldsymbol{x}.$$

［証明］ 1） 両辺とも，長方形を集めた領域の場合から近似可能であり，各長方形にたいして成立すれば和にたいしても成立する（境界の線積分は，方向が反対でキャンセルする）から，長方形にたいして証明しておけばよい．このとき，

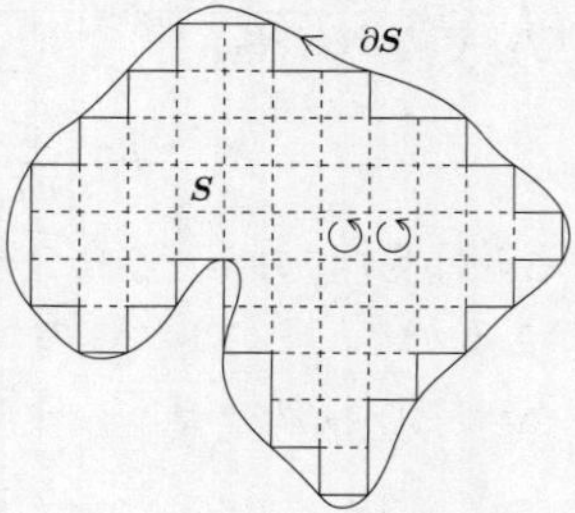

図 2.32

$$\iint_{\substack{a_1 \leqq x_1 \leqq b_1 \\ a_2 \leqq x_2 \leqq b_2}} \left(\frac{\partial g_2}{\partial x_1} - \frac{\partial g_1}{\partial x_2} \right) dx_1 dx_2$$

$$= \int_{a_1}^{b_1} dx_1 \int_{a_2}^{b_2} \left(-\frac{\partial g_1}{\partial x_2} \right) dx_2 + \int_{a_2}^{b_2} dx_2 \int_{a_1}^{b_1} \frac{\partial g_2}{\partial x_1} dx_1$$

$$= \int_{a_1}^{b_1} (g_1(x_1, a_2) - g_1(x_1, b_2))\, dx_1$$

$$+ \int_{a_2}^{b_2} (g_2(b_1, x_2) - g_2(a_1, x_2))\, dx_2$$

$$= \int_{\substack{a_1 \\ x_2 = a_2}}^{b_1} g_1 dx_1 + \int_{\substack{a_2 \\ x_1 = b_1}}^{b_2} g_2 dx_2 + \int_{\substack{b_1 \\ x_2 = b_2}}^{a_1} g_1 dx_1$$

$$+ \int_{\substack{b_2 \\ x_1 = a_1}}^{a_2} g_2 dx_2$$

となる.

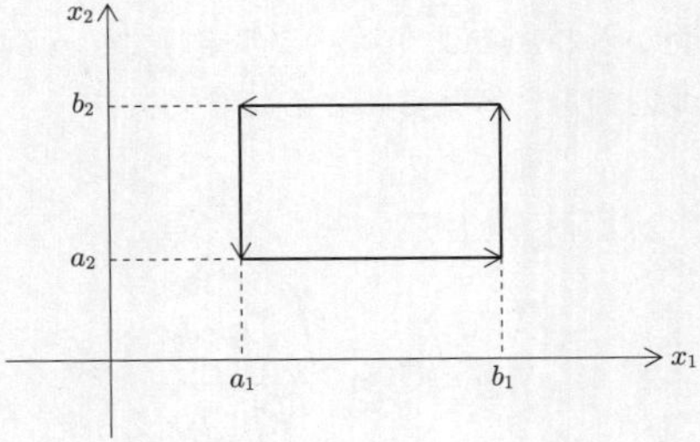

図 2.33

2) 曲面を $\boldsymbol{x}=\boldsymbol{x}(t_{1,}t_2)$ とすると

$$\boldsymbol{g}\cdot d\boldsymbol{x}=\left(\boldsymbol{g}\cdot\frac{\partial\boldsymbol{x}}{\partial t_1}\right)dt_1+\left(\boldsymbol{g}\cdot\frac{\partial\boldsymbol{x}}{\partial t_2}\right)dt_2$$

となり,

$$\begin{aligned}
&\frac{\partial}{\partial t_1}\left(\boldsymbol{g}\cdot\frac{\partial\boldsymbol{x}}{\partial t_2}\right)-\frac{\partial}{\partial t_2}\left(\boldsymbol{g}\cdot\frac{\partial\boldsymbol{x}}{\partial t_1}\right)\\
&\quad=\left(\frac{\partial\boldsymbol{g}}{\partial t_1}\cdot\frac{\partial\boldsymbol{x}}{\partial t_2}+\boldsymbol{g}\cdot\frac{\partial^2\boldsymbol{x}}{\partial t_1\partial t_2}\right)-\left(\frac{\partial\boldsymbol{g}}{\partial t_2}\cdot\frac{\partial\boldsymbol{x}}{\partial t_1}+\boldsymbol{g}\cdot\frac{\partial^2\boldsymbol{x}}{\partial t_1\partial t_2}\right)\\
&\quad=\frac{\partial\boldsymbol{g}}{\partial t_1}\cdot\frac{\partial\boldsymbol{x}}{\partial t_2}-\frac{\partial\boldsymbol{g}}{\partial t_2}\cdot\frac{\partial\boldsymbol{x}}{\partial t_1}\\
&\quad=\sum_{i,j}\frac{\partial g_i}{\partial x_j}\frac{\partial x_j}{\partial t_1}\frac{\partial x_i}{\partial t_2}-\sum_{i,j}\frac{\partial g_i}{\partial x_j}\frac{\partial x_j}{\partial t_2}\frac{\partial x_i}{\partial t_1}\\
&\quad=\sum_{i,j}\frac{\partial g_i}{\partial x_j}\frac{\partial(x_j,x_i)}{\partial(t_1,t_2)}\\
&\quad=\sum_{i<j}\left(\frac{\partial g_j}{\partial x_i}-\frac{\partial g_i}{\partial x_j}\right)\frac{\partial(x_i,x_j)}{\partial(t_1,t_2)}
\end{aligned}$$

であるから, 1) に帰着される. 〈証明おわり〉

この証明からわかるように, この定理は, n 次元空間内の曲面についても, 考えることができる.

そこで, 2 次元の場合,

$$\operatorname{rot}\boldsymbol{g}=\lim_{B\to\boldsymbol{x}}\frac{\displaystyle\int_{\partial B}\boldsymbol{g}\cdot d\boldsymbol{x}}{\displaystyle\iint_B dS}$$

となる.

この線積分の意味を考えてみる. まず, $\boldsymbol{g}$ が定ベクトル $\boldsymbol{a}$ の場合, すなわち, 一様なベクトル場を考える. このとき, $\boldsymbol{e}$ 方向への射影は $\boldsymbol{a}\cdot\boldsymbol{e}$ である. とくに長さ x の $\boldsymbol{e}x$ について,

$$\boldsymbol{a}\cdot(\boldsymbol{e}x)=(\boldsymbol{a}\cdot\boldsymbol{e})x$$

は, $\boldsymbol{a}$ の $\boldsymbol{e}$ 方向への射影の x 倍になる.

いま, 一様な速度 $\boldsymbol{a}$ で流れている流れを考えよう. この速度ベクトル $\boldsymbol{a}$ の $\boldsymbol{e}$ 方向への成分が $\boldsymbol{a}\cdot\boldsymbol{e}$ であるわけだから, $\boldsymbol{e}$ 方向へ押し流される量と考えられる. この方向の成分だけ考えると, 単位面積の部分が単位時間には, $\boldsymbol{a}\cdot\boldsymbol{e}$ だけズレルわけである. このようなものが, x だけの長さにわたってあるとすると, その総移動量は $(\boldsymbol{a}\cdot\boldsymbol{e})x$ になる. この意味で, $\boldsymbol{x}=\boldsymbol{e}x$ にたいし,

$$\boldsymbol{a}\cdot\boldsymbol{x}=(\boldsymbol{a}\cdot\boldsymbol{e})x$$

を, $\boldsymbol{x}$ に沿っての流れ $\boldsymbol{a}$ の流量といおう.

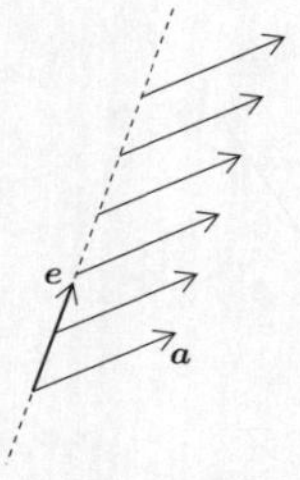

図 2.34

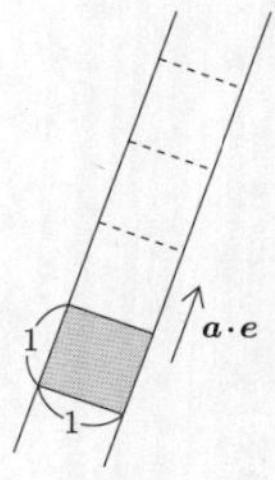

図 2.35

今は，流れをモデルにして考えたが，力学でいう仕事も同種の概念であるといえる．有向線分に沿って，$\boldsymbol{x}$ だけの変位をするとき，その方向 $\boldsymbol{e}$ への力 $\boldsymbol{a}$ の成分 $\boldsymbol{a}\cdot\boldsymbol{e}$ がかかるとして，総仕事量として $\boldsymbol{a}\cdot\boldsymbol{x}$ が考えられるのである．

さて，一般のベクトル場 $\boldsymbol{g}$ で曲線 $\boldsymbol{C}$ があるとき，その接線方向の無限小部分 $d\boldsymbol{x}$ に沿っての流量 $\boldsymbol{g}\cdot d\boldsymbol{x}$ を積分することによって，$\boldsymbol{C}$ に沿っての流量

$$\int_{\boldsymbol{C}} \boldsymbol{g}\cdot d\boldsymbol{x}$$

がえられる．とくに，$\boldsymbol{C}$ が閉曲線の場合は，$\boldsymbol{C}$ に沿っての循環量を表わすことになる．したがって，$\mathrm{rot}\,\boldsymbol{g}$ は，$\partial\boldsymbol{B}$ に沿っての循環量の $m_2(\boldsymbol{B})$ にたいする比率の極限，その1点 $\boldsymbol{x}$ における強さを意味する．いわば，各点における渦のでき方の強さである．また，回転というかわりに，$\boldsymbol{g}$ の循環（curl）ということもあり，$\mathrm{curl}\,\boldsymbol{g}$ という記号を使うこともある．

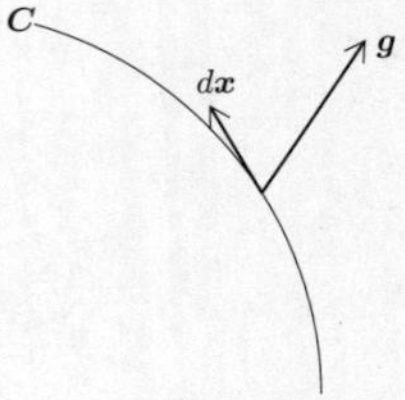

図2.36

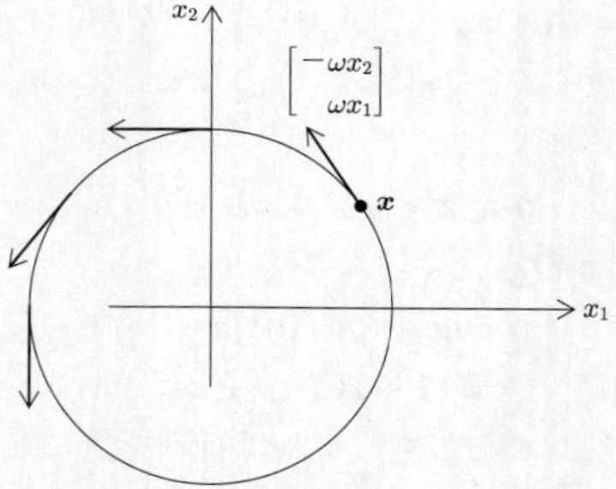

図 2.37

とくに，等角速度 ω の回転

$$\begin{bmatrix} y_1 \\ y_2 \end{bmatrix} = \begin{bmatrix} \cos\omega t & -\sin\omega t \\ \sin\omega t & \cos\omega t \end{bmatrix} \begin{bmatrix} x_1 \\ x_2 \end{bmatrix}$$

を考えると，速度ベクトルは，

$$\begin{bmatrix} g_1 \\ g_2 \end{bmatrix} = \begin{bmatrix} 0 & -\omega \\ \omega & 0 \end{bmatrix} \begin{bmatrix} x_1 \\ x_2 \end{bmatrix}$$

となって，

$$\mathrm{rot}\,\boldsymbol{g} = 2\omega$$

となる．

一般に，媒介変数 t をもつ変換

$$\boldsymbol{y} = \boldsymbol{y}(\boldsymbol{x}, t) \qquad \boldsymbol{x} = \boldsymbol{y}(\boldsymbol{x}, 0)$$

があるとき，$\boldsymbol{y}'_t(\boldsymbol{x}, 0)$ で速度ベクトルが考えられる．とくに，

$$\boldsymbol{y} = \boldsymbol{A}(t)\boldsymbol{x}, \qquad \boldsymbol{A}(0) = \boldsymbol{1} \quad (\text{単位行列})$$

のとき，速度ベクトルは $\boldsymbol{A}'(t)$ となる．これは，t に関する展開と考えれば，

$$\boldsymbol{y} = \boldsymbol{x} + \boldsymbol{y}'_t(\boldsymbol{x}, 0)t + \boldsymbol{o}(t),$$

特別の $\boldsymbol{A}(t)\boldsymbol{x}$ の場合でいえば，

$$\begin{aligned}\boldsymbol{y} &= \boldsymbol{x} + (\boldsymbol{A}'(0)t)\boldsymbol{x} + \boldsymbol{o}(t)\\ &= (\boldsymbol{1} + \boldsymbol{A}'(0)t + \boldsymbol{o}(t))\boldsymbol{x}\end{aligned}$$

と考えられる．すなわち，これは行列を値にとる関数である $\boldsymbol{A}(t)$ の展開

$$\boldsymbol{A}(t) = \boldsymbol{1} + \boldsymbol{A}'(0)t + \boldsymbol{o}(t)$$

を考えていることになる．等角速度回転の場合は，

$$\begin{bmatrix}\cos\omega t & -\sin\omega t\\ \sin\omega t & \cos\omega t\end{bmatrix} = \begin{bmatrix}1 & 0\\ 0 & 1\end{bmatrix} + \begin{bmatrix}0 & -\omega\\ \omega & 0\end{bmatrix} t + \boldsymbol{o}(t)$$

となっているわけである．

ただし，循環ということばにまどわされて，環流していなければいけない，と思ってはならない．たとえば，

$$\begin{bmatrix}g_1\\ g_2\end{bmatrix} = \begin{bmatrix}0\\ ax_1\end{bmatrix}$$

は，x_2 軸に平行なネジレた流れであるが，

$$\operatorname{rot} \boldsymbol{g} = a$$

となる．これは，原点のまわりに，x_2 軸に平行な細長い流路を考えれば，そこを環流しているように考えられないことはないが，むしろ，このネジレそのものが，回転量と

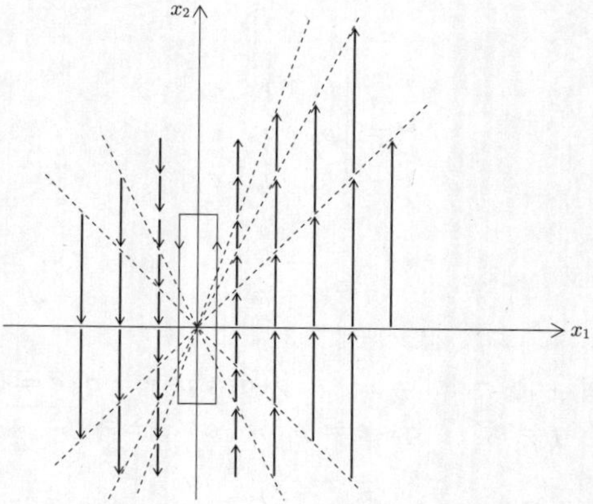

図 2.38

してあらわれていると考えるべきである.

こんどは3次元の場合を考えよう.

3次元の等角速度回転を考えるのに, 角速度 ω と回転の方向 $\boldsymbol{e}$ が必要となる. この回転の形を定めるために, 座標軸が $\boldsymbol{p}, \boldsymbol{q}, \boldsymbol{e}$ となる直角座標を考える. もとの座標の $\boldsymbol{x}$ が, いま考える座標で $\boldsymbol{x}'$ になっているとする.

$$[\boldsymbol{e}_1 \quad \boldsymbol{e}_2 \quad \boldsymbol{e}_3][\boldsymbol{p} \quad \boldsymbol{q} \quad \boldsymbol{e}] = [\boldsymbol{p} \quad \boldsymbol{q} \quad \boldsymbol{e}],$$

$$[\boldsymbol{e}_1 \quad \boldsymbol{e}_2 \quad \boldsymbol{e}_3]\begin{bmatrix} x_1 \\ x_2 \\ x_3 \end{bmatrix} = [\boldsymbol{p} \quad \boldsymbol{q} \quad \boldsymbol{e}]\begin{bmatrix} x_1{}' \\ x_2{}' \\ x_3{}' \end{bmatrix}$$

より，

$$\boldsymbol{P} = \begin{bmatrix} p_1 & q_1 & e_1 \\ p_2 & q_2 & e_2 \\ p_3 & q_3 & e_3 \end{bmatrix}$$

として，

$$\boldsymbol{P}\boldsymbol{x}' = \boldsymbol{x}$$

となる．ここで，直交座標であることから，

$$|\boldsymbol{p}| = |\boldsymbol{q}| = |\boldsymbol{e}| = 1, \qquad \boldsymbol{p}\cdot\boldsymbol{q} = \boldsymbol{p}\cdot\boldsymbol{e} = \boldsymbol{q}\cdot\boldsymbol{e} = 0,$$

$$\boldsymbol{p}\times\boldsymbol{q} = \boldsymbol{e}, \qquad \boldsymbol{q}\times\boldsymbol{e} = \boldsymbol{p}, \qquad \boldsymbol{e}\times\boldsymbol{p} = \boldsymbol{q}$$

であり，

$$\boldsymbol{P}^{-1} = \begin{bmatrix} p_1 & p_2 & p_3 \\ q_1 & q_2 & q_3 \\ e_1 & e_2 & e_3 \end{bmatrix}$$

となっている．いま，

$$\begin{bmatrix} {y_1}' \\ {y_2}' \\ {y_3}' \end{bmatrix} = \begin{bmatrix} \cos\omega t & -\sin\omega t & 0 \\ \sin\omega t & \cos\omega t & 0 \\ 0 & 0 & 1 \end{bmatrix} \begin{bmatrix} {x_1}' \\ {x_2}' \\ {x_3}' \end{bmatrix}$$

とするとき，

$$\begin{bmatrix} y_1 \\ y_2 \\ y_3 \end{bmatrix}$$

$$= \begin{bmatrix} p_1 & q_1 & e_1 \\ p_2 & q_2 & e_2 \\ p_3 & q_3 & e_3 \end{bmatrix} \begin{bmatrix} \cos\omega t & -\sin\omega t & 0 \\ \sin\omega t & \cos\omega t & 0 \\ 0 & 0 & 1 \end{bmatrix} \begin{bmatrix} p_1 & p_2 & p_3 \\ q_1 & q_2 & q_3 \\ e_1 & e_2 & e_3 \end{bmatrix} \begin{bmatrix} x_1 \\ x_2 \\ x_3 \end{bmatrix}$$

となる.

$$\boldsymbol{A}(t)$$

$$= \begin{bmatrix} p_1 & q_1 & e_1 \\ p_2 & q_2 & e_2 \\ p_3 & q_3 & e_3 \end{bmatrix} \begin{bmatrix} \cos\omega t & -\sin\omega t & 0 \\ \sin\omega t & \cos\omega t & 0 \\ 0 & 0 & 1 \end{bmatrix} \begin{bmatrix} p_1 & p_2 & p_3 \\ q_1 & q_2 & q_3 \\ e_1 & e_2 & e_3 \end{bmatrix}$$

とするとき,

$$\boldsymbol{A}'(0) = \begin{bmatrix} p_1 & q_1 & e_1 \\ p_2 & q_2 & e_2 \\ p_3 & q_3 & e_3 \end{bmatrix} \begin{bmatrix} 0 & -\omega & 0 \\ \omega & 0 & 0 \\ 0 & 0 & 0 \end{bmatrix} \begin{bmatrix} p_1 & p_2 & p_3 \\ q_1 & q_2 & q_3 \\ e_1 & e_2 & e_3 \end{bmatrix}$$

$$= \begin{bmatrix} p_1 & q_1 & e_1 \\ p_2 & q_2 & e_2 \\ p_3 & q_3 & e_3 \end{bmatrix} \begin{bmatrix} -\omega q_1 & -\omega q_2 & -\omega q_3 \\ \omega p_1 & \omega p_2 & \omega p_3 \\ 0 & 0 & 0 \end{bmatrix}$$

$$
= \begin{bmatrix} 0 & -\omega\begin{vmatrix} p_1 & q_1 \\ p_2 & q_2 \end{vmatrix} & \omega\begin{vmatrix} p_3 & q_3 \\ p_1 & q_1 \end{vmatrix} \\ \omega\begin{vmatrix} p_1 & q_1 \\ p_2 & q_2 \end{vmatrix} & 0 & -\omega\begin{vmatrix} p_2 & q_2 \\ p_3 & q_3 \end{vmatrix} \\ -\begin{vmatrix} p_3 & q_3 \\ p_1 & q_1 \end{vmatrix} & \omega\begin{vmatrix} p_2 & q_2 \\ p_3 & q_3 \end{vmatrix} & 0 \end{bmatrix}
$$

$$
= \begin{bmatrix} 0 & -\omega e_3 & \omega e_2 \\ \omega e_3 & 0 & -\omega e_1 \\ -\omega e_2 & \omega e_1 & 0 \end{bmatrix}
$$

となる．そこで，$\boldsymbol{a} = \boldsymbol{e}\omega$ とするとき，速度ベクトルは，

$$
\begin{bmatrix} g_1 \\ g_2 \\ g_3 \end{bmatrix} = \begin{bmatrix} 0 & -a_3 & a_2 \\ a_3 & 0 & -a_1 \\ -a_2 & a_1 & 0 \end{bmatrix} \begin{bmatrix} x_1 \\ x_2 \\ x_3 \end{bmatrix} = \boldsymbol{a} \times \boldsymbol{x}
$$

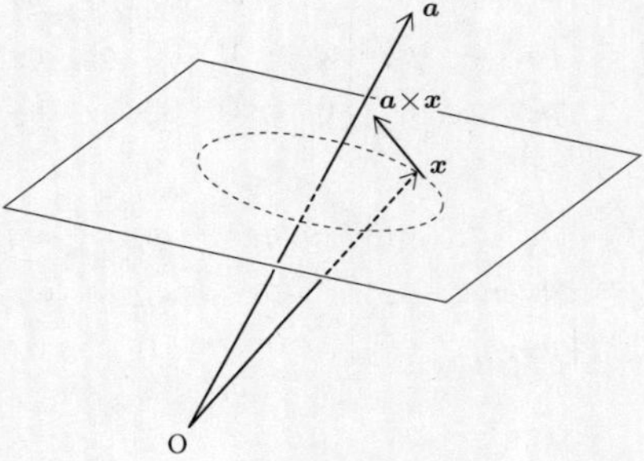

図 2.39

となる．このときは，

$$\mathbf{rot}\, \boldsymbol{g} = 2\boldsymbol{a}$$

である．すなわち，この場合，$\mathbf{rot}\, \boldsymbol{g}$ は大きさが 2ω で，回転軸が $\boldsymbol{e}$ 方向のベクトルになる．この $\boldsymbol{a}$ を，等角速度回転 $\boldsymbol{A}(t)\boldsymbol{x}$ の回転ベクトルということもある．

一般の場合，3 次元での渦のでき方というのは，局所的な回転で定まると考えられるが，その回転を支配するのは，このベクトルである．そこで，3 次元ではベクトル量として，渦の強さを表わす量がでてくることになる．

とくに，方向 $\boldsymbol{e}$ に垂直な平面内に，$\boldsymbol{S}$ をとる（図 2.40）．ベクトル $d\boldsymbol{S}$ は法線方向であるから，$\boldsymbol{e}$ 方向になっている．そこで

$$(\mathbf{rot}\, \boldsymbol{g})\cdot d\boldsymbol{S} = ((\mathrm{rot}\, \boldsymbol{g})\cdot \boldsymbol{e})dS$$

であるから，

$$(\mathbf{rot}\, \boldsymbol{g})\cdot \boldsymbol{e} = \lim_{S\to \boldsymbol{x}} \frac{\displaystyle\int_{\partial S} \boldsymbol{g}\cdot d\boldsymbol{x}}{\displaystyle\iint_{S} dS}$$

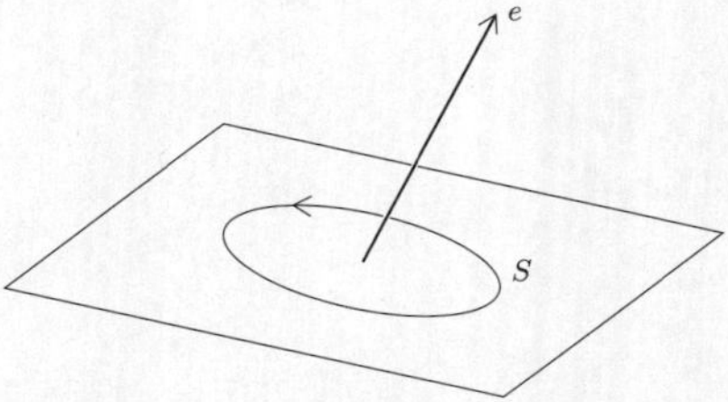

図 2.40

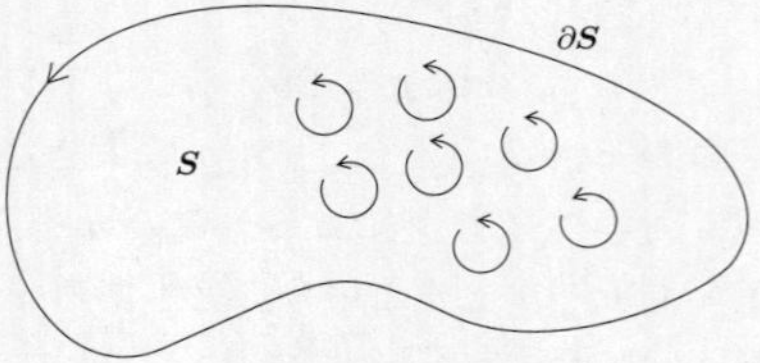

図 2.41

となって，$\boldsymbol{e}$ に垂直な平面上での循環の強度を表わすことになる．

曲面 $\boldsymbol{S}$ の場合でも，$d\boldsymbol{S}$ は法線方向であるから，それに垂直な接平面上での無限小循環量が $(\mathbf{rot}\,\boldsymbol{g})\cdot d\boldsymbol{S}$ になる．それを集めたものが，境界 $\partial\boldsymbol{S}$ に沿っての総循環量になる，というのがこの定理の意味になる．この意味で，この定理は，1 次元のときの微分と積分の関係 A）にあたる，2 次元の場合の定理になっている．

9. 発散

さらに，一般の 2 次微分式

$$\omega = \sum f_{ij} dx_i dx_j$$

の微分として，

$$d\omega = \sum df_{ij} dx_i dx_j$$

が考えられる．ここでも dx_i の積は外積の意味にする．一般に，

$$\omega = \sum f_{i_1 i_2 \cdots i_p} dx_{i_1} dx_{i_2} \cdots dx_{i_p}$$

の形式を p 次微分式といい，その微分を，

$$d\omega = \sum df_{i_1 i_2 \cdots i_p} dx_{i_1} dx_{i_2} \cdots dx_{i_p}$$

と定義する．p 次微分式を微分したものは $(p+1)$ 次微分式になる．その意味で，ふつうのスカラー f を 0 次微分式ということにすれば，f を微分して df を作るという，スカラーの微分は 0 次微分式の微分の場合であり，p 次微分式の微分というのは，その一般化になっている．

dx_i の間に，同じものがあれば，その外積は 0 になるから，n 次元で $(n+1)$ 次以上の微分式は 0 しかない．

とくに，3 次元の場合，

$$\boldsymbol{h} \cdot d\boldsymbol{S} = h_1 dx_2 dx_3 + h_2 dx_3 dx_1 + h_3 dx_1 dx_2$$

にたいして，

$$
\begin{aligned}
d(\boldsymbol{h}\cdot d\boldsymbol{S}) &= dh_1dx_2dx_3 + dh_2dx_3dx_1 + dh_3dx_1dx_2 \\
&= \left(\frac{\partial h_1}{\partial x_1}dx_1 + \frac{\partial h_1}{\partial x_2}dx_2 + \frac{\partial h_1}{\partial x_3}dx_3\right)dx_2dx_3 \\
&\quad + \left(\frac{\partial h_2}{\partial x_1}dx_1 + \frac{\partial h_2}{\partial x_2}dx_2 + \frac{\partial h_2}{\partial x_3}dx_3\right)dx_3dx_1 \\
&\quad + \left(\frac{\partial h_3}{\partial x_1}dx_1 + \frac{\partial h_3}{\partial x_2}dx_2 + \frac{\partial h_3}{\partial x_3}dx_3\right)dx_1dx_2 \\
&= \left(\frac{\partial h_1}{\partial x_1} + \frac{\partial h_2}{\partial x_2} + \frac{\partial h_3}{\partial x_3}\right)dx_1dx_2dx_3
\end{aligned}
$$

となる．ここで，

$$\operatorname{div}\boldsymbol{h} = \frac{\partial h_1}{\partial x_1} + \frac{\partial h_2}{\partial x_2} + \frac{\partial h_3}{\partial x_3}$$

形式的に書けば，

$$\operatorname{div}\boldsymbol{h} = (\mathbf{grad})\cdot\boldsymbol{h}$$

とする．この量を $\boldsymbol{h}$ の発散（divergence）という．そうすると，

$$d(\boldsymbol{h}\cdot d\boldsymbol{S}) = (\operatorname{div}\boldsymbol{h})dV$$

となるわけである．したがって，3 次元の場合，微分式の微分をまとめると，

$$
\begin{aligned}
&df = (\mathbf{grad}\, f)\cdot d\boldsymbol{x}, \\
&d(\boldsymbol{g}\cdot d\boldsymbol{x}) = (\mathbf{rot}\,\boldsymbol{g})\cdot d\boldsymbol{S}, \\
&d(\boldsymbol{h}\cdot d\boldsymbol{S}) = (\operatorname{div}\boldsymbol{h})dV, \\
&d(kdV) = 0
\end{aligned}
$$

となる．

同様に，2 次元では，

$$df = (\mathbf{grad}\, f)\cdot d\boldsymbol{x},$$
$$d(\boldsymbol{g}\cdot d\boldsymbol{x}) = (\mathrm{rot}\, \boldsymbol{g})dS,$$
$$d(hdS) = 0,$$

1次元では,

$$df = f'dx,$$
$$d(gdx) = 0$$

という関係になるわけである．2次元の場合,

$$\boldsymbol{h} = \begin{bmatrix} h_1 \\ h_2 \end{bmatrix}, \qquad \boldsymbol{f} = \begin{bmatrix} -h_2 \\ h_1 \end{bmatrix}$$

とすると,

$$\boldsymbol{f}\cdot d\boldsymbol{x} = \boldsymbol{h}\times d\boldsymbol{x},$$
$$\mathrm{rot}\, \boldsymbol{f} = \frac{\partial h_1}{\partial x_1} + \frac{\partial h_2}{\partial x_2}$$

となる．そこで，このときも,

$$\mathrm{div}\, \boldsymbol{h} = \frac{\partial h_1}{\partial x_1} + \frac{\partial h_2}{\partial x_2}$$

とすると,

$$d(\boldsymbol{h}\times d\boldsymbol{x}) = (\mathrm{div}\, \boldsymbol{h})dS$$

となる．

ここで，§8の場合とまったく同じ方法で,

［定理］ 3次元空間で，曲面 $\partial\boldsymbol{V}$ でかこまれた領域 $\boldsymbol{V}$ にたいし,

$$\int_{\boldsymbol{V}} (\mathrm{div}\, \boldsymbol{h})dV = \int_{\partial\boldsymbol{V}} \boldsymbol{h}\cdot d\boldsymbol{S}$$

となる．

また，2次元については，§8の定理から，

$$\int_S (\operatorname{div} \boldsymbol{h}) dS = \int_{\partial S} \boldsymbol{h} \times d\boldsymbol{x}$$

となっている．

この議論を一般化すると，一般の p 次元多様体の領域 $\boldsymbol{V}$ の境界を $\partial\boldsymbol{V}$ とするとき，$(p-1)$ 次微分式 ω にたいし，

$$\int_{\boldsymbol{V}} d\omega = \int_{\partial\boldsymbol{V}} \omega$$

となる．

ここで，

$$\langle \omega, \boldsymbol{V} \rangle = \int_{\boldsymbol{V}} \omega$$

という記号を使えば，

$$\langle d\omega, \boldsymbol{V} \rangle = \langle \omega, \partial\boldsymbol{V} \rangle$$

ということになる．

これが，微分と積分の逆関係A）の，任意次元への一般化である．ただし，この場合には，$\boldsymbol{V}$ の境界とはなにか，を一般的に定義する必要が生ずるが，ここでは省略する．この定理は，次元によって，国によって，また応用領域によって，呼び方が多少異なり，この定理に関係した，ガウス，グリーン，ストークス，オストグラドスキーなどの名で呼ばれているが，最近の数学者はジュッパヒトカラゲで，ストークスの定理ということが多い．慣習的に一番ふつうの呼び名としては，§8の $\boldsymbol{S}$ に関する定理を，2次

元のときにストークスの定理，3次元のときにグリーンの定理，この節の $\boldsymbol{V}$ に関する定理をガウスの定理，というようである．

ここで，発散 $\operatorname{div}\boldsymbol{h}$ の意味を考えてみよう．

3次元では，

$$\operatorname{div}\boldsymbol{h} = \lim_{B\to x}\frac{\displaystyle\iint_{\partial B}\boldsymbol{h}\cdot d\boldsymbol{S}}{\displaystyle\iiint_B dV}$$

となる．この分子の意味を考える．

まず，速度 $\boldsymbol{a}$ の一様な流れの場合，平面図形 $\boldsymbol{S}$ があって，その面積ベクトルを $\boldsymbol{S}$ とする．このとき，$\boldsymbol{a}\cdot\boldsymbol{S}$ は，$\boldsymbol{S}$ を $\boldsymbol{a}$ だけずらしてできる柱の体積，すなわち，$\boldsymbol{S}$ を通って流出する量（発散量）を表わす．そこで $\boldsymbol{h}\cdot d\boldsymbol{S}$ はベ

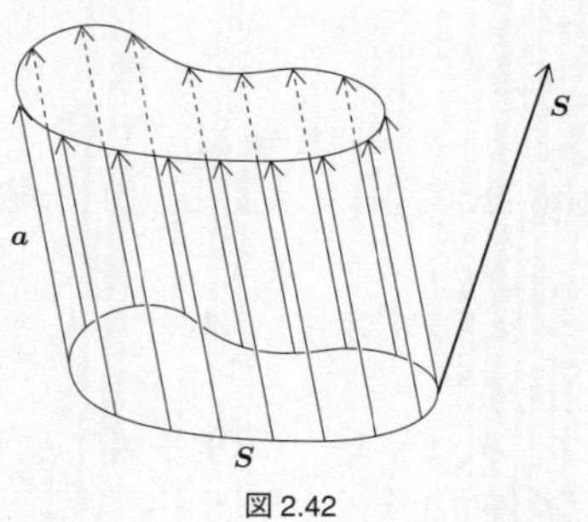

図 2.42

クトル場 $\boldsymbol{h}$ の無限小発散量であり，その積分は，$\boldsymbol{B}$ の表面 $\partial\boldsymbol{B}$ を通って流出する総発散量を表わしている．そこで，$\operatorname{div}\boldsymbol{h}$ はその $m_3(\boldsymbol{B})$ にたいする比率の極限，1点における湧き出しの強さを意味している．

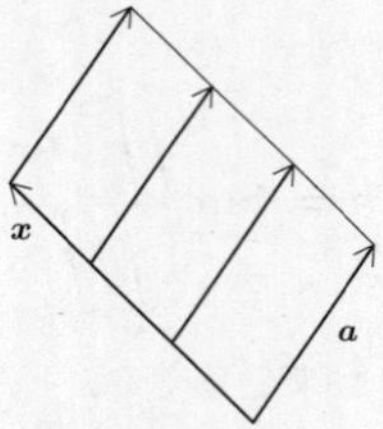

図 2.43

2次元の場合も，$\boldsymbol{a}\times\boldsymbol{x}$ が平行4辺形の面積になるから，線分を通って流出する量であり，$\operatorname{div}\boldsymbol{h}$ は1点における発散の強さを表わすことになる．とくに，

$$\boldsymbol{h} = a\boldsymbol{x}$$

の場合を考えると，

$$\operatorname{div}\boldsymbol{h} = 2a$$

で，湧き出しの強さを表わしている（図 2.44）．

変換

$$\boldsymbol{y} = \boldsymbol{A}(t)\boldsymbol{x}, \qquad \boldsymbol{A}(0) = \boldsymbol{1}$$

については，

$$\boldsymbol{A}(t) = \boldsymbol{1} + \boldsymbol{A}'(0)t + \boldsymbol{o}(t)$$

であるが，その体積比を考えると，

$$\det \boldsymbol{A}(t) = \det(\mathbf{1} + \boldsymbol{A}'(0)t + \boldsymbol{o}(t))$$

となる．ここで，

$$\boldsymbol{A}'(0) = \begin{bmatrix} a_{11} & a_{12} & a_{13} \\ a_{21} & a_{22} & a_{23} \\ a_{31} & a_{32} & a_{33} \end{bmatrix}$$

とするとき，

$$\det(\mathbf{1} + \boldsymbol{A}'(0)t) = \begin{vmatrix} 1+a_{11}t & a_{12}t & a_{13}t \\ a_{21}t & 1+a_{22}t & a_{23}t \\ a_{31}t & a_{32}t & 1+a_{33}t \end{vmatrix}$$

$$= 1 + (a_{11} + a_{22} + a_{33})t + o(t)$$

となるから，結局

$$\det \boldsymbol{A}(t) = 1 + (a_{11} + a_{22} + a_{33})t + o(t)$$

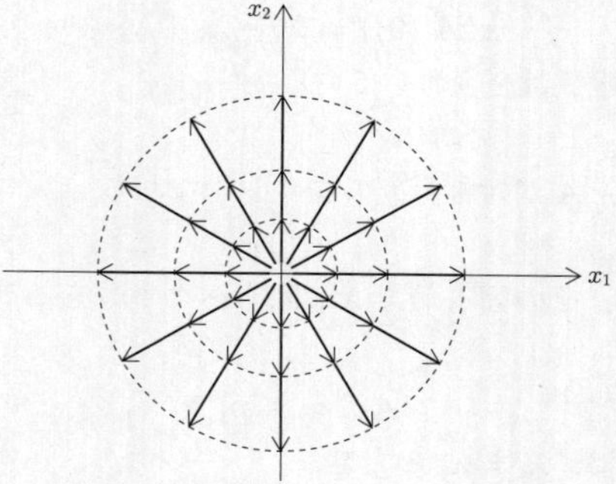

図 2.44

となる．この $(a_{11}+a_{22}+a_{33})$ は $\boldsymbol{A}'(0)$ のトレースといわれる量で，

$$\mathrm{tr}(\boldsymbol{A}'(0)) = a_{11}+a_{22}+a_{33}$$

とかく．これは，

$$\det \boldsymbol{A}(t) = 1+\mathrm{tr}(\boldsymbol{A}'(0))t+o(t)$$

であるわけだから，この変換による膨張係数を表わす量である．とくに，

$$\boldsymbol{A}'(0) = \begin{bmatrix} \lambda_1 & 0 & 0 \\ 0 & \lambda_2 & 0 \\ 0 & 0 & \lambda_3 \end{bmatrix}$$

の場合，すなわち，

$$\boldsymbol{f} = \boldsymbol{A}'(0)\boldsymbol{x}$$

が，x_1, x_2, x_3 の各軸方向について，$\lambda_1, \lambda_2, \lambda_3$ の線膨張係数の場合，

$$\mathrm{tr}(\boldsymbol{A}'(0)) = \lambda_1+\lambda_2+\lambda_3$$

が，体膨張係数を表わしている．

一般に，$\boldsymbol{A}$ が対称行列の場合，すなわち，

$$a_{ij} = a_{ji}$$

のときは，その固有値を λ_i，固有ベクトルを $\boldsymbol{p}_i$ とするとき，

$$\boldsymbol{A}\boldsymbol{p}_i = \lambda_i \boldsymbol{p}_i$$

であるので，$\lambda_i \neq \lambda_j$ のとき，

$$\lambda_i \boldsymbol{p}_i \cdot \boldsymbol{p}_j = \boldsymbol{A}\boldsymbol{p}_i \cdot \boldsymbol{p}_j = \boldsymbol{p}_i \cdot \boldsymbol{A}\boldsymbol{p}_j = \boldsymbol{p}_i \cdot \lambda_j \boldsymbol{p}_j$$

となって,

$$\boldsymbol{p}_i \cdot \boldsymbol{p}_j = 0$$

となる．そこで $|\boldsymbol{p}_i| = 1$ として，これらを単位にとると,

$$\boldsymbol{P} = [\boldsymbol{p}_1 \quad \boldsymbol{p}_2 \quad \boldsymbol{p}_3]$$

にたいして,

$$\begin{aligned} \boldsymbol{AP} &= [\boldsymbol{Ap}_1 \quad \boldsymbol{Ap}_2 \quad \boldsymbol{Ap}_3] \\ &= [\lambda_1 \boldsymbol{p}_1 \quad \lambda_2 \boldsymbol{p}_2 \quad \lambda_3 \boldsymbol{p}_3] \\ &= \boldsymbol{P} \begin{bmatrix} \lambda_1 & 0 & 0 \\ 0 & \lambda_2 & 0 \\ 0 & 0 & \lambda_3 \end{bmatrix} \end{aligned}$$

となって,

$$\boldsymbol{P}^{-1} \boldsymbol{AP} = \begin{bmatrix} \lambda_1 & 0 & 0 \\ 0 & \lambda_2 & 0 \\ 0 & 0 & \lambda_3 \end{bmatrix}$$

となる．すなわち，対称行列の場合には，適当な座標で考えれば，対角行列の場合になって,

$$\mathrm{tr}\, \boldsymbol{A} = \lambda_1 + \lambda_2 + \lambda_3$$

となる．

ところで，一般の行列 $\boldsymbol{A}$ にたいして，ベクトル場

$$\boldsymbol{f} = \boldsymbol{Ax}$$

を考えると,

$$\mathrm{div}\, \boldsymbol{f} = \mathrm{tr}\, \boldsymbol{A}$$

となる．この意味で，$\mathrm{div}\, \boldsymbol{f}$ は膨張係数を考えていること

になっている．

ここで，

$$b_{ij}=\frac{1}{2}(a_{ij}+a_{ji}),\qquad c_{ij}=\frac{1}{2}(a_{ij}-a_{ji})$$

とすると，

$$\boldsymbol{A}=\boldsymbol{B}+\boldsymbol{C}$$

となるが，

$$b_{ij}=b_{ji},\qquad c_{ij}=-c_{ji}$$

となっている．発散については，微分演算の 1 次性から

$$\boldsymbol{g}=\boldsymbol{B}\boldsymbol{x},\qquad \boldsymbol{h}=\boldsymbol{C}\boldsymbol{x}$$

とするとき，

$$\operatorname{div}\boldsymbol{f}=\operatorname{div}\boldsymbol{g}+\operatorname{div}\boldsymbol{h}$$

だが，

$$\operatorname{div}\boldsymbol{h}=0,\qquad \operatorname{div}\boldsymbol{g}=\operatorname{tr}\boldsymbol{B}$$

となっている．すなわち，発散は，対称部分 $\boldsymbol{B}$ にだけ関係している．

一方，回転を考えると

$$\mathbf{rot}\,\boldsymbol{f}=\mathbf{rot}\,\boldsymbol{g}+\mathbf{rot}\,\boldsymbol{h}$$

であるが，

$$\boldsymbol{C}=\begin{bmatrix} 0 & -\frac{1}{2}c_3 & \frac{1}{2}c_2 \\ \frac{1}{2}c_3 & 0 & -\frac{1}{2}c_1 \\ -\frac{1}{2}c_2 & \frac{1}{2}c_1 & 0 \end{bmatrix}$$

とするとき，

$$\boldsymbol{h}=\frac{1}{2}\boldsymbol{c}\times\boldsymbol{x}$$

となって，

$$\mathbf{rot}\,\boldsymbol{g}=\mathbf{0},\qquad \mathbf{rot}\,\boldsymbol{h}=\boldsymbol{c}$$

となる．すなわち，回転は反対称部分の $\boldsymbol{C}$ だけ関係してくる．

§8で考えた

$$\begin{bmatrix}0\\ax_1\end{bmatrix}=\begin{bmatrix}0&0\\a&0\end{bmatrix}\begin{bmatrix}x_1\\x_2\end{bmatrix}$$

の場合でいえば，

$$\begin{bmatrix}0&0\\a&0\end{bmatrix}=\begin{bmatrix}0&\frac{a}{2}\\\frac{a}{2}&0\end{bmatrix}+\begin{bmatrix}0&-\frac{a}{2}\\\frac{a}{2}&0\end{bmatrix}$$

となって，後の行列から回転が出ている．対称な部分の方は，固有値が $a/2$ と $-a/2$ で，

$$\begin{bmatrix}0&\frac{a}{2}\\\frac{a}{2}&0\end{bmatrix}=\begin{bmatrix}\frac{1}{\sqrt{2}}&\frac{-1}{\sqrt{2}}\\\frac{1}{\sqrt{2}}&\frac{1}{\sqrt{2}}\end{bmatrix}\begin{bmatrix}\frac{a}{2}&0\\0&-\frac{a}{2}\end{bmatrix}\begin{bmatrix}\frac{1}{\sqrt{2}}&\frac{1}{\sqrt{2}}\\\frac{-1}{\sqrt{2}}&\frac{1}{\sqrt{2}}\end{bmatrix}$$

となるので，$\pi/4$ 回転した座標軸で，$a/2$ および $-a/2$ の膨張係数で伸縮させるわけで，サシヒキで，体膨張係数は0となっている．

これらの例はすべて，$\boldsymbol{x}$ に関して1次の場合である．一般の場合

$$\boldsymbol{y} = \boldsymbol{y}(\boldsymbol{x}, t), \qquad \boldsymbol{y}(\boldsymbol{x}, 0) = \boldsymbol{x}$$

については，

$$\boldsymbol{f} = \boldsymbol{y}'_t(\boldsymbol{x}, 0)$$

は，$\boldsymbol{x}$ について1次とはかぎらない．そこで，

$$d\boldsymbol{f} = \frac{d\boldsymbol{f}}{d\boldsymbol{x}} d\boldsymbol{x}$$

について考えねばならないことになる．ここで，

$$\frac{d\boldsymbol{f}}{d\boldsymbol{x}} = \begin{bmatrix} \dfrac{\partial f_1}{\partial x_1} & \dfrac{\partial f_1}{\partial x_2} & \dfrac{\partial f_1}{\partial x_3} \\ \dfrac{\partial f_2}{\partial x_1} & \dfrac{\partial f_2}{\partial x_2} & \dfrac{\partial f_2}{\partial x_3} \\ \dfrac{\partial f_3}{\partial x_1} & \dfrac{\partial f_3}{\partial x_2} & \dfrac{\partial f_3}{\partial x_3} \end{bmatrix}$$

$$= \begin{bmatrix} \dfrac{\partial f_1}{\partial x_1} & \dfrac{1}{2}\left(\dfrac{\partial f_2}{\partial x_1} + \dfrac{\partial f_1}{\partial x_2}\right) & \dfrac{1}{2}\left(\dfrac{\partial f_1}{\partial x_3} + \dfrac{\partial f_3}{\partial x_1}\right) \\ \dfrac{1}{2}\left(\dfrac{\partial f_2}{\partial x_1} + \dfrac{\partial f_1}{\partial x_2}\right) & \dfrac{\partial f_2}{\partial x_2} & \dfrac{1}{2}\left(\dfrac{\partial f_3}{\partial x_2} + \dfrac{\partial f_2}{\partial x_3}\right) \\ \dfrac{1}{2}\left(\dfrac{\partial f_1}{\partial x_3} + \dfrac{\partial f_3}{\partial x_1}\right) & \dfrac{1}{2}\left(\dfrac{\partial f_3}{\partial x_2} + \dfrac{\partial f_2}{\partial x_3}\right) & \dfrac{\partial f_3}{\partial x_3} \end{bmatrix}$$

$$+ \begin{bmatrix} 0 & -\dfrac{1}{2}\left(\dfrac{\partial f_2}{\partial x_1} - \dfrac{\partial f_1}{\partial x_2}\right) & \dfrac{1}{2}\left(\dfrac{\partial f_1}{\partial x_3} - \dfrac{\partial f_3}{\partial x_1}\right) \\ \dfrac{1}{2}\left(\dfrac{\partial f_2}{\partial x_1} - \dfrac{\partial f_1}{\partial x_2}\right) & 0 & -\dfrac{1}{2}\left(\dfrac{\partial f_3}{\partial x_2} - \dfrac{\partial f_2}{\partial x_3}\right) \\ -\dfrac{1}{2}\left(\dfrac{\partial f_1}{\partial x_3} - \dfrac{\partial f_3}{\partial x_1}\right) & \dfrac{1}{2}\left(\dfrac{\partial f_3}{\partial x_2} - \dfrac{\partial f_2}{\partial x_3}\right) & 0 \end{bmatrix}$$

となり，対称部分からトレースとして発散が，反対称部分から回転が出てくることになる．この対称部分はひずみの部分であり，反対称部分が回転の部分になっているわけである．

10. 微分と積分（多変数の場合）

今までに，§3であげた，微分と積分の関係のいろいろな定式化のうち，A）とC）とE）を，それぞれ，§9と§4と§5で，多変数の場合に考えてきた．ここでは，残りのB）とE）が，多変数の場合にどのように定式化されるかを考えていこう．

その前に，準備として，微分の基本的な性格を，スカラーの微分の一般化として，定式化しておこう．

［定理］ 1） ω_1, ω_2 が p 次微分式，c_1, c_2 が定数のとき，

$$d(c_1\omega_1 + c_2\omega_2) = c_1 d\omega_1 + c_2 d\omega_2.$$

2） ω_1 が p 次微分式，ω_2 が q 次微分式のとき，$(p+q)$ 次微分式 $\omega_1\omega_2$（外積）にたいし

$$d(\omega_1\omega_2) = (d\omega_1)\,\omega_2 + (-1)^p\,\omega_1\,(d\omega_2).$$

3） p 次微分式 ω にたいし，

$$d(d\omega) = 0.$$

［証明］ 1）は定義から，すぐわかる．

2）は，

$$\omega_1 = f_1 dx_{i_1} \cdots dx_{i_p}, \qquad \omega_2 = f_2 dx_{j_1} \cdots dx_{j_q}$$

のときに証明すれば，1）から，その1次結合についても成立する．微分の定義から，

$$
\begin{aligned}
d(\omega_1\omega_2) &= d(f_1 f_2)\, dx_{i_1}\cdots dx_{i_p} dx_{j_1}\cdots dx_{j_q} \\
&= (df_1)\, f_2 dx_{i_1}\cdots dx_{i_p} dx_{j_1}\cdots dx_{j_q} \\
&\quad + f_1 (df_2)\, dx_{i_1}\cdots dx_{i_p} dx_{j_1}\cdots dx_{j_q} \\
&= \left((df_1)\, dx_{i_1}\cdots dx_{i_p}\right)\left(f_2 dx_{j_1}\cdots dx_{j_q}\right) \\
&\quad + (-1)^p \left(f_1 dx_{i_1}\cdots dx_{i_p}\right)\left((df_2)\, dx_{j_1}\cdots dx_{j_q}\right) \\
&= (d\omega_1)\,\omega_2 + (-1)^p\, \omega_1 (d\omega_2).
\end{aligned}
$$

3）は，定義から，

$$
\begin{aligned}
d\left(dx_{i_1}\cdots dx_{i_p}\right) &= d(1) dx_{i_1}\cdots dx_{i_p} \\
&= 0
\end{aligned}
$$

である．したがって，2）から，

$$
\begin{aligned}
d\left(d\left(f dx_{i_1}\cdots dx_{i_p}\right)\right) &= d\left((df)\left(dx_{i_1}\cdots dx_{i_p}\right)\right) \\
&= (d(df))\, dx_{i_1}\cdots dx_{i_p} \\
&\quad + (df)\, d\left(dx_{i_1}\cdots dx_{i_p}\right) \\
&= d(df)\, dx_{i_1}\cdots dx_{i_p}
\end{aligned}
$$

となる．ところで，

$$
d(df) = d\left(\sum_i \frac{\partial f}{\partial x_i} dx_i\right) = \sum_{i,j} \frac{\partial^2 f}{\partial x_i \partial x_j} dx_i dx_j
$$

であるが，$i \neq j$ にたいして，

$$
\begin{aligned}
&\frac{\partial^2 f}{\partial x_i \partial x_j} dx_i dx_j + \frac{\partial^2 f}{\partial x_j dx_i} dx_j dx_i \\
&\quad = \left(\frac{\partial^2 f}{\partial x_i dx_j} - \frac{\partial^2 f}{\partial x_j dx_i}\right) dx_i dx_j = 0, \qquad dx_i dx_i = 0
\end{aligned}
$$

であるから，

$$
d(df) = 0
$$

となる．さらに1）から，この1次結合についても成立す

る．

1）と 2）は，スカラーの場合の，和の微分と積の微分の一般化である．3）については，1 変数の 2 次微分式は 0 しかないから，当然の式である．

2 次元と 3 次元の場合について，この式を具体的に書いてみよう．

3 次元の場合，

$$d\,(df) = 0, \qquad d\,(d\,(\boldsymbol{g}\cdot d\boldsymbol{x})) = 0$$

は，

$$\begin{aligned} d\,(df) &= d\,(\mathbf{grad}\, f\cdot d\boldsymbol{x}) \\ &= \mathbf{rot}\,(\mathbf{grad}\, f)\cdot d\boldsymbol{S} \\ d(d\,(\boldsymbol{f}\cdot d\boldsymbol{x})) &= d\,(\mathbf{rot}\,\boldsymbol{f}\cdot d\boldsymbol{S}) \\ &= \mathrm{div}\,(\mathbf{rot}\,\boldsymbol{f})\, dV \end{aligned}$$

となるので，これらは，

$$\mathbf{rot}(\mathbf{grad}\, f) = \mathbf{0}, \qquad \mathrm{div}\,(\mathbf{rot}\,\boldsymbol{f}) = 0$$

としてえられる．

このことは，スカラー f の勾配ベクトル場としてえられた，

$$\boldsymbol{g} = \mathbf{grad}\, f$$

は，渦なしであることを意味している．すなわち，任意の閉曲線 $\boldsymbol{C}$ に沿って，

$$\int_{C} \boldsymbol{g}\cdot d\boldsymbol{x} = 0$$

となる．一般に渦のない，すなわち

$$\mathbf{rot}\,\boldsymbol{g} = \mathbf{0}$$

となるベクトル場のことを，層状であるといい，それがスカラー f の微分から作られているとき，f を $\boldsymbol{g}$ のスカラー・ポテンシャルという．ポテンシャル f の勾配として力 $\boldsymbol{g}$ があたえられているとき，上の積分が0ということが，閉曲線に沿っての仕事量が0であること，すなわち，力の保存を意味している．始点と終点とが一致するような2つの道 $\boldsymbol{C}_1$ と $\boldsymbol{C}_2$ を考えたとき，層状ベクトルにたいしては，

$$\int_{\boldsymbol{C}_1} \boldsymbol{g}\cdot d\boldsymbol{x} = \int_{\boldsymbol{C}_2} \boldsymbol{g}\cdot d\boldsymbol{x}$$

となる（図 2.45）．

また，ベクトル場 $\boldsymbol{f}$ の回転ベクトルとしてえられたベクトル場

$$\boldsymbol{h} = \mathbf{rot}\,\boldsymbol{f}$$

にたいしては，閉曲面 $\boldsymbol{S}$ からの発散

$$\iint_{\boldsymbol{S}} \boldsymbol{h}\cdot d\boldsymbol{S} = 0$$

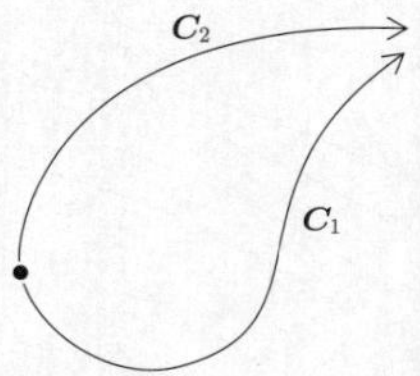

図 2.45

となる．これは，湧き出しのないことを意味している．このように，

$$\operatorname{div} \boldsymbol{h} = 0$$

となるベクトル場のことを，管状であるといい，それがベクトル場 $\boldsymbol{f}$ から微分してえられているとき，$\boldsymbol{f}$ のことを $\boldsymbol{h}$ のベクトル・ポテンシャルという．これは，断面が $\boldsymbol{S}_1$ と $\boldsymbol{S}_2$ であって，側面の接ベクトルが $\boldsymbol{h}$ 方向であるような管（流管）を考えるとき，

$$\iint_{S_1} \boldsymbol{h} \cdot d\boldsymbol{S} = \iint_{S_2} \boldsymbol{h} \cdot d\boldsymbol{S}$$

であって，中途で流線の増減がおこらないことを意味している（図 2.46）．

2 次元の場合も，

$$d(df) = 0,$$

すなわち

$$\operatorname{rot}(\mathbf{grad}\, f) = 0$$

になる．

さて，B）を一般化するために，p 次微分式 ω にたいし

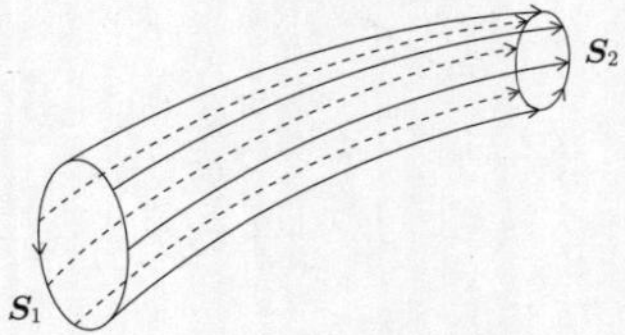

図 2.46

て

$$d\varphi = \omega$$

となる $(p-1)$ 次の微分式 φ が存在するかどうかをしらべよう．このとき

$$d\omega = d(d\varphi) = 0$$

となるから，この条件が必要である．1変数のときに，連続性のようなタイプの条件だけでよかったのは

$$d\,(f\,dx) = 0$$

であるために，この種の条件が自動的に満足されたわけである．

そこで，一般的な定式化は，

$$d\omega = 0$$

のときに，

$$d\varphi = \omega$$

となる φ の存在をいうことになる．ただし，1変数のときと同じように，初期条件に依存する任意性がある．また，微分方程式をとくということは，局所的につないでいくので，局所的にこのような φ がみつかることと，それをつないで，ある領域全体でこの方程式が成立するかは別のことである．ここでは，あまり一般的な定式化を考えずに（しかし，一般化できる方法で），とくに2次元と3次元の場合に考えよう．

［定理］ 1） 3次元空間の原点のまわりで考える．

a） $\mathbf{rot}\,\boldsymbol{g} = \mathbf{0}$ のとき，$\mathbf{grad}\,f = \boldsymbol{g}$ となる f が存在する．

b) $\operatorname{div}\boldsymbol{h}=0$ のとき，$\mathbf{rot}\,\boldsymbol{g}=\mathrm{h}$ となる $\boldsymbol{g}$ が存在する．

c) 任意のスカラー場 k にたいし，$\operatorname{div}\boldsymbol{h}=k$ となる $\boldsymbol{h}$ が存在する．

2) 2 次元空間の原点のまわりを考える．

a) $\operatorname{rot}\boldsymbol{g}=0$ のとき，$\mathbf{grad}\,f=\boldsymbol{g}$ となる f が存在する．

b) 任意のスカラー場にたいし，$\operatorname{div}\boldsymbol{g}=h$ となる $\boldsymbol{g}$ が存在する．

［証明］ 1) a) 図 2.47 のような道を考えると，求める f にたいしては，

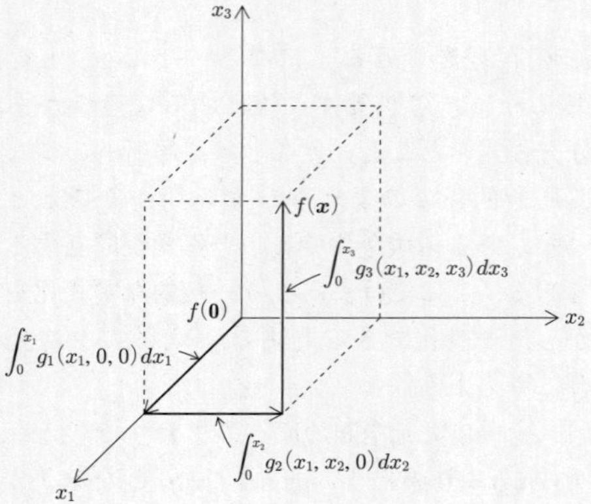

図 2.47

$$
\begin{aligned}
&f(\boldsymbol{x})-f(\mathbf{0})\\
&\quad=\int_0^{x_1} g_1(x_1,0,0)\,dx_1+\int_0^{x_2} g_2(x_1,x_2,0)\,dx_2\\
&\qquad+\int_0^{x_3} g_3(x_1,x_2,x_3)\,dx_3
\end{aligned}
$$

でなければならない．じっさい，このとき，

$$
\begin{aligned}
\frac{\partial f}{\partial x_1}&=\frac{\partial}{\partial x_1}\int_0^{x_1} g_1(x_1,0,0)\,dx_1\\
&\quad+\frac{\partial}{\partial x_1}\int_0^{x_2} g_2(x_1,x_2,0)\,dx_2\\
&\quad+\frac{\partial}{\partial x_1}\int_0^{x_3} g_3(x_1,x_2,x_3)\,dx_3\\
&=g_1(x_1,0,0)+\int_0^{x_2}\frac{\partial g_2}{\partial x_1}(x_1,x_2,0)\,dx_2\\
&\quad+\int_0^{x_3}\frac{\partial g_3}{\partial x_1}(x_1,x_2,x_3)\,dx_3\\
&=g_1(x_1,0,0)+\int_0^{x_2}\frac{\partial g_1}{\partial x_2}(x_1,x_2,0)\,dx_2\\
&\quad+\int_0^{x_3}\frac{\partial g_1}{\partial x_2}(x_1,x_2,x_3)\,dx_3\\
&=g_1(x_1,0,0)+(g_1(x_1,x_2,0)-g_1(x_1,0,0))\\
&\quad+(g_1(x_1,x_2,x_3)-g_1(x_1,x_2,0))\\
&=g(\boldsymbol{x})
\end{aligned}
$$

となる．ここで，初期条件 $f(\mathbf{0})$ だけ，すなわち定数だけの自由度を f は持っている．このことは

$$d\overline{f} = 0$$

となる $\overline{f}$ が定数であることに対応している．

b) こんどは，

$$d\,(\overline{\boldsymbol{g}}\cdot d\boldsymbol{x}) = 0$$

となる $\overline{\boldsymbol{g}}$，すなわち層状ベクトルは，この方程式に関係しない．

いま，一般にベクトル $\boldsymbol{g}$ があるとき，

$$\mathbf{rot}\,\overline{\boldsymbol{g}} = \mathbf{0}$$

となる $\boldsymbol{g}$ をつかって，$\boldsymbol{g}$ を変形してみよう．まず，

$$\overline{g}_3 = g_3$$

とする．そのとき，

$$\frac{\partial \overline{g}_2}{\partial x_3} = \frac{\partial \overline{g}_3}{\partial x_2} = \frac{\partial g_3}{\partial x_2}$$

より，

$$\overline{g}_2 = \int_0^{x_3} \frac{\partial g_3}{\partial x_2} dx_3 + \overline{g}_2\,(x_1, x_2, 0)$$

とする．ここでとくに，

$$\overline{g}_2 = \int_0^{x_3} \frac{\partial g_3}{\partial x_2} dx_3 + g_2\,(x_1, x_2, 0)$$

とする．同様に，

$$\overline{g}_1 = \int_0^{x_3} \frac{\partial g_3}{\partial x_1} dx_3 + \overline{g}_1\,(x_1, x_2, 0)$$

であるが，

$$\frac{\partial \overline{g}_1}{\partial x_2} = \int_0^{x_3} \frac{\partial^2 g_3}{\partial x_1 \partial x_2} dx_3 + \frac{\partial g_1}{\partial x_2}\,(x_1, x_2, 0)\,,$$

$$\frac{\partial \overline{g}_2}{\partial x_1} = \int_0^{x_3} \frac{\partial^2 g_3}{\partial x_1 \partial x_2} dx_3 + \frac{\partial g_2}{\partial x_1}(x_1, x_2, 0),$$

$$\overline{g}_1(x_1, x_2, 0) = \int_0^{x_2} \frac{\partial g_2}{\partial x_1}(x_1, x_2, 0)\, dx_2 + g_1(x_1, 0, 0)$$

となる．そこで結局，

$$\overline{g}_1 = \int_0^{x_3} \frac{\partial g_3}{\partial x_1} dx_3 + \int_0^{x_2} \frac{\partial g_2}{\partial x_1}(x_1, x_2, 0)\, dx_2 + g_1(x_1, 0, 0),$$

$$\overline{g}_2 = \int_0^{x_3} \frac{\partial g_3}{\partial x_2} dx_3 + g_2(x_1 + x_2, 0),$$

$$\overline{g}_3 = g_3(x_1, x_2, x_3)$$

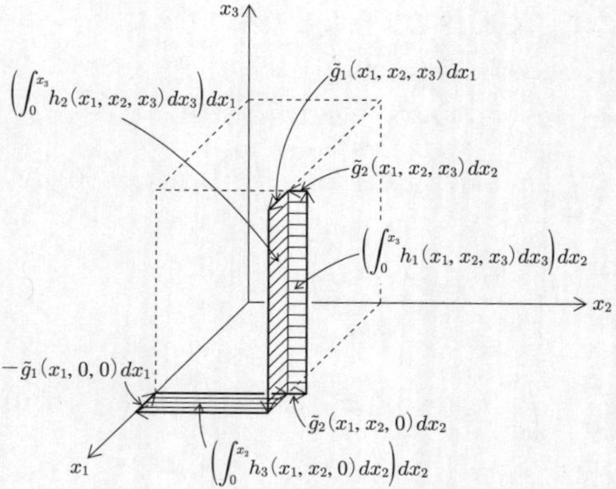

図 2.48

とおくことによって，

$$\mathbf{rot}\,\boldsymbol{g} = \mathbf{0}$$

となり，

$$\boldsymbol{g} = \widetilde{\boldsymbol{g}} + \overline{\boldsymbol{g}}$$

として，

$$\widetilde{g}_1(x_1, 0, 0) = 0,$$
$$\widetilde{g}_2(x_1, x_2, 0) = 0,$$
$$\widetilde{g}_3(x_1, x_2, x_3) = 0$$

の条件のもとに，

$$\mathbf{rot}\,\widetilde{\boldsymbol{g}} = \boldsymbol{h}$$

をとけばよい．この層状ベクトル $\overline{\boldsymbol{g}}$ をきめるのは，

$$g_1(x_1, 0, 0), \qquad g_2(x_1, x_2, 0), \qquad g_3(x_1, x_2, x_3)$$

の値である．

そこで，図 2.48 のようなところで考えて，

$$\begin{aligned}(\widetilde{g}(x_1, x_2, x_3) - \widetilde{g}_1(x_1, 0, 0))\,dx_1 \\ + (-\widetilde{g}_2(x_1, x_2, x_3) + \widetilde{g}_2(x_1, x_2, 0))\,dx_2 \\ = \left(\int_0^{x_3} h_2(x_1, x_2, x_3)\,dx_3 - \int_0^{x_2} h_3(x_1, x_2, 0)\,dx_2\right) dx_1 \\ + \left(\int_0^{x_3} h_1(x_1, x_2, x_3)\right) dx_2\end{aligned}$$

より，

$$\widetilde{g}_1 = \int_0^{x_3} h_2(x_1, x_2, x_3)\,dx_3 - \int_0^{x_2} h_3(x_1, x_2, 0)\,dx_2,$$

$$\widetilde{g}_2 = -\int_0^{x_3} h_1(x_1, x_2, x_3)\,dx_3,$$

$$\widetilde{g}_3 = 0$$

でなければならない．このとき，たしかに，

$$\frac{\partial \widetilde{g}_3}{\partial x_3} - \frac{\partial \widetilde{g}_2}{\partial x_3} = \frac{\partial}{\partial x_3}\int_0^{x_3} h_1(x_1, x_2, x_3)\, dx_3 = h_1,$$

$$\frac{\partial \widetilde{g}_1}{\partial x_3} - \frac{\partial \widetilde{g}_3}{\partial x_1} = \frac{\partial}{\partial x_3}\int_0^{x_3} h_2(x_1, x_2, x_3)\, dx_3 = h_2,$$

$$\begin{aligned}\frac{\partial \widetilde{g}_2}{\partial x_1} - \frac{\partial \widetilde{g}_1}{\partial x_2} &= -\frac{\partial}{\partial x_1}\int_0^{x_3} h_1(x_1, x_2, x_3)\, dx_3 \\ &\quad - \frac{\partial}{\partial x_2}\int_0^{x_3} h_2(x_1, x_2, x_3)\, dx_3 \\ &\quad + \frac{\partial}{\partial x_2}\int_0^{x_2} h_3(x_1, x_2, 0)\, dx_2 \\ &= \int_0^{x_3} \frac{\partial h_3}{\partial x_3} dx_3 + h_3(x_1, x_2, 0) = h_3\end{aligned}$$

となる．

c）　こんどは，管状ベクトル $\widetilde{\boldsymbol{h}}$ だけの任意性が加わることになる．そのために，たとえば

$$h_1 = h_1, \qquad h_2 = h_2$$

とおいて，

$$\frac{\partial \overline{h}_3}{\partial x_3} = -\left(\frac{\partial \overline{h}_1}{\partial x_1} + \frac{\partial \overline{h}_2}{\partial x_2}\right) = -\left(\frac{\partial h_1}{\partial x_1} + \frac{\partial h_2}{\partial x_2}\right)$$

より，

$$\overline{h}_3 = -\int_0^{x_3}\left(\frac{\partial h_1}{\partial x_1} + \frac{\partial h_2}{\partial x_2}\right) dx_3 + h_3(x_1, x_2, 0)$$

とし，

$$\boldsymbol{h} = \widetilde{\boldsymbol{h}} + \overline{\boldsymbol{h}}$$

について考えてよい．すなわち，

$$\widetilde{h}_1 = \widetilde{h}_2 = 0, \qquad \widetilde{h}_3\,(x_1, x_2, 0) = 0$$

の条件で，

$$\operatorname{div}\widetilde{\boldsymbol{h}} = k$$

をといて，

$$\widetilde{h}_3 = \int_0^{x_3} k dx_3$$

となる．

2）の方も同様である．　〈証明おわり〉

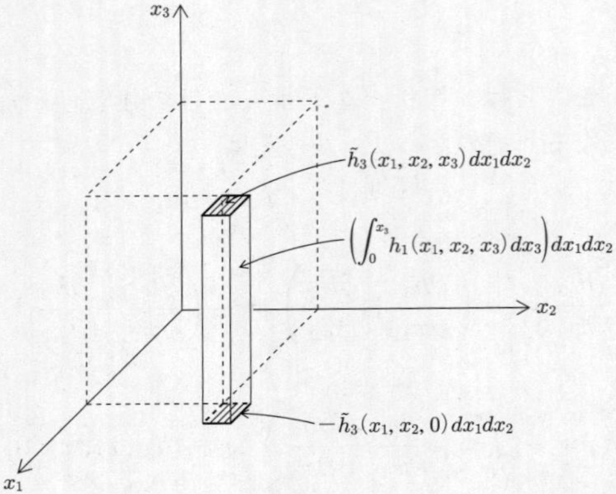

図2.49

ずいぶん，長く証明にかけたが，解の作り方を説明して，1変数のときとの関連を明らかにしたためで，アマクダリに，このようにとればよい，と解をあたえてしまえば，証明そのものとしては短くしてよい．

ここで，注意しなければいけないことは，この定理は局所的にはよいが，ある領域で考えるときは，つなぎ方の問題がはいることである．

たとえば，図 2.50A では $\mathbf{0}$ から $\boldsymbol{x}$ への曲線 $\boldsymbol{C}_1, \boldsymbol{C}_2$ にたいして，

$$\boldsymbol{g} = \mathbf{grad}\, f$$

については，

$$\int_{\boldsymbol{C}_1} \boldsymbol{g}\cdot d\boldsymbol{x} - \int_{\boldsymbol{C}_2} \boldsymbol{g}\cdot d\boldsymbol{x} = \int_{\boldsymbol{S}} (\mathbf{rot}\, \boldsymbol{g})\, dS = 0$$

となるが，B 図のように穴が開いていると，そうはならない．定理の証明は，穴の開いていない部分であることを前提にしていたので，局所的には穴のない，円（3次元な

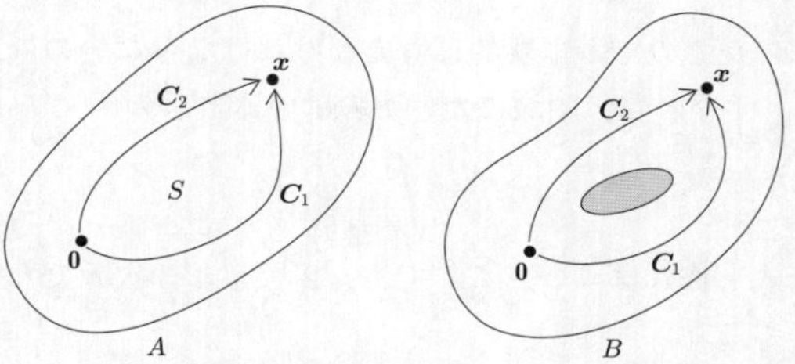

図 2.50

ら球）状の領域の中で考えてよいが，大局的につなごうとすると，つなぎ方の問題がはいってくる．すなわち，2次元以上の領域では，位相幾何的特性の問題が登場するわけで，それと関連して大局的なつなぎ方が論ぜられるのだが，ここではその問題に立ち入らない．

つぎに，D）の一般化を考えよう．これは，媒介変数をふくむ微分式 $\omega(t)$ と領域 $\boldsymbol{V}(t)$ にたいし，

$$\frac{d}{dt}\int_{\boldsymbol{V}(t)}\omega(t)$$

という型の公式を考えることである．形式的に，

$$\langle\omega(t), \boldsymbol{V}(t)\rangle=\int_{\boldsymbol{V}(t)}\omega(t)$$

と書くと，§4の場合と同様に，

$$\frac{d}{dt}\langle\omega(t), \boldsymbol{V}(t)\rangle$$
$$=\left\langle\frac{d}{dt}\omega(t), \boldsymbol{V}(t)\right\rangle+\left\langle\omega(t), \frac{d}{dt}\boldsymbol{V}(t)\right\rangle$$

の形になるので，本質的に考えなければならないのは，第2項，すなわち，領域にだけ t のはいるときの

$$\frac{d}{dt}\int_{\boldsymbol{V}(t)}\omega$$

の公式を作ればよい．ここでも，2次元と3次元でだけ論じておこう．

各点 $\boldsymbol{x}$ が，媒介変数 t にともなって変化するとして，その速度ベクトルを $\boldsymbol{x}'$ としよう．

［定理］ 1） 2次元空間で

$$\frac{d}{dt}\iint_{\boldsymbol{S}(t)} ydS = \int_{\partial \boldsymbol{S}} y\left(\boldsymbol{x}' \times d\boldsymbol{x}\right).$$

2） 3次元空間で

$$\frac{d}{dt}\iiint_{\boldsymbol{V}(t)} ydV = \iint_{\partial \boldsymbol{V}} y\left(\boldsymbol{x}' \cdot d\boldsymbol{S}\right).$$

3） 3次元空間の定曲面上を変化する領域に関し，

$$\frac{d}{dt}\iint_{\boldsymbol{S}(t)} yd\boldsymbol{S} = \int_{\partial \boldsymbol{S}} y\left(\boldsymbol{x}' \times d\boldsymbol{x}\right).$$

［証明］ 1） $\partial \boldsymbol{S}$ の媒介変数 s を考えて，x_1, x_2 を t, s に変数変換すると

$$\iint_{\boldsymbol{S}(t)} ydS = \int^{t} dt \int_{\partial \boldsymbol{S}} y \frac{\partial\left(x_1, x_2\right)}{\partial\left(t, s\right)} ds$$

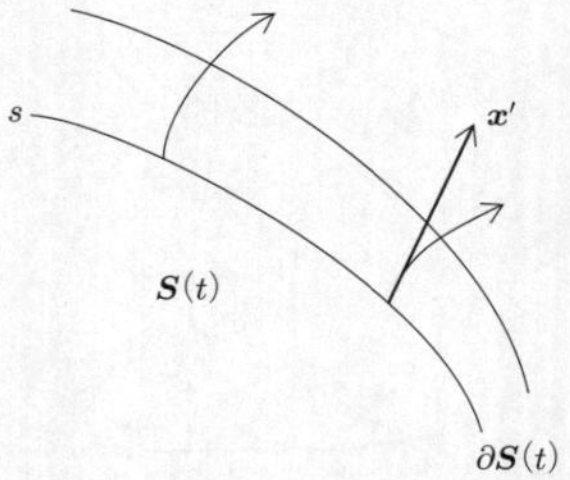

図 2.51

となる．したがって，

$$\frac{d}{ds}\iint_{S(t)} ydS = \iint_{\partial S} y\frac{\partial(x_1, x_2)}{\partial(t, s)}ds$$

$$= \int_{\partial S} y\begin{vmatrix} x_1{}' & \dfrac{\partial x_1}{\partial s} \\ x_2{}' & \dfrac{\partial x_2}{\partial s} \end{vmatrix} ds$$

$$= \int_{\partial S} y\left(\boldsymbol{x}' \times d\boldsymbol{x}\right)$$

2）も同様，3）は1）を変換したもの． 〈証明おわり〉

さらに，多様体が変化する場合には，その複合として，

［定理］ 1） 2次元空間で，$\boldsymbol{a}(t), \boldsymbol{b}(t)$ を両端とする $\boldsymbol{C}(t)$ にたいし，

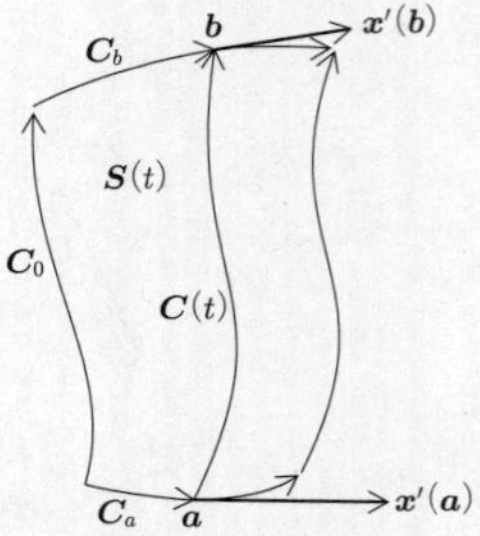

図 2.52

$$\frac{d}{dt}\int_{C(t)} \boldsymbol{y}\cdot d\boldsymbol{x} = \int_C (\mathrm{rot}\,\boldsymbol{y})\,(\boldsymbol{x}'\times d\boldsymbol{x}) + \boldsymbol{y}(\boldsymbol{b})\cdot\boldsymbol{x}'(\boldsymbol{b}) - \boldsymbol{y}(\boldsymbol{a})\cdot\boldsymbol{x}'(\boldsymbol{a}),$$

$$\frac{d}{dt}\int_{C(t)} \boldsymbol{y}\cdot d\boldsymbol{x} = \int_C (\mathrm{div}\,\boldsymbol{y})\,(\boldsymbol{x}'\times d\boldsymbol{x}) + \boldsymbol{y}(\boldsymbol{b})\times\boldsymbol{x}'(\boldsymbol{b}) - \boldsymbol{y}(\boldsymbol{a})\times\boldsymbol{y}'(\boldsymbol{a}).$$

2)　3 次元空間では，

$$\frac{d}{dt}\iint_{S(t)} \boldsymbol{y}\cdot d\boldsymbol{S} = \iint_S (\mathrm{div}\,\boldsymbol{y})\,(\boldsymbol{x}'\cdot d\boldsymbol{S}) + \int_{\partial S} \boldsymbol{y}\cdot(\boldsymbol{x}'\times d\boldsymbol{x}),$$

$$\frac{d}{dt}\int_{C(t)} \boldsymbol{y}\cdot d\boldsymbol{x} = \int_C (\mathbf{rot}\,\boldsymbol{y})\cdot(\boldsymbol{x}'\times d\boldsymbol{x}) + \boldsymbol{y}(\boldsymbol{b})\cdot\boldsymbol{x}'(\boldsymbol{b}) - \boldsymbol{y}(\boldsymbol{a})\cdot\boldsymbol{x}'(\boldsymbol{a}).$$

［証明］　1）で，$\mathbf{C}(t)$ を動かしてできた領域を $\boldsymbol{S}(t)$ とする．最初の位置を $\boldsymbol{C}_0$ とし，$\boldsymbol{a}, \boldsymbol{b}$ の軌跡を $\boldsymbol{C}_a, \boldsymbol{C}_b$ とすると，

$$\iint_{S(t)} (\mathrm{rot}\,\boldsymbol{y})\,dS = \int_{\partial S} \boldsymbol{y}\cdot d\boldsymbol{x}$$

より，

$$\int_C \boldsymbol{y}\cdot d\boldsymbol{x} = \iint_S (\mathrm{rot}\,\boldsymbol{y})\,dS + \int_{C_0} \boldsymbol{y}\cdot d\boldsymbol{x} + \int_{C_b} \boldsymbol{y}\cdot d\boldsymbol{x} - \int_{C_a} \boldsymbol{y}\cdot d\boldsymbol{x}$$

となる．これを微分して，

$$\frac{d}{dt}\int_C \boldsymbol{y}\cdot d\boldsymbol{x} = \int_C (\mathrm{rot}\,\boldsymbol{y})(\boldsymbol{x}'\times d\boldsymbol{x}) + \boldsymbol{y}(\boldsymbol{b})\cdot\boldsymbol{x}'(\boldsymbol{b}) - \boldsymbol{y}(\boldsymbol{a})\cdot\boldsymbol{x}'(\boldsymbol{a})$$

となる．他の式も同様である．〈証明おわり〉

これで，§3で考えた，微分と積分との関係の多変数の場合の定式化が，ひととおり，考えられたことになった．

最後に，積の微分の公式に対応する積分の式を書いておこう．これは，1変数でいえば，部分積分公式，

$$\int_a^b f'(x)\,g(x)\,dx + \int_a^b f(x)\,g'(x)\,dx = f(b)\,g(b) - f(a)\,g(a)$$

である．これは，ただちに一般化できて，

［定理］ ω_1 が p 次微分式，ω_2 が q 次微分式のとき

$$\int_{\boldsymbol{V}} (d\omega_1)\,\omega_2 + (-1)^p \int_{\boldsymbol{V}} \omega_1\,(d\omega_2) = \int_{\partial\boldsymbol{V}} \omega_1\omega_2$$

となる．

2次元と3次元の場合に，これらの式の具体的な形を書いておこう．まず，3次元では，

$$\iiint_{\boldsymbol{V}} (\mathbf{grad}\,f)\cdot\boldsymbol{g}dV + \iiint_{\boldsymbol{V}} (\mathrm{div}\,\boldsymbol{g})\,dV = \iint_{\partial\boldsymbol{V}} f\,(\boldsymbol{g}\cdot d\boldsymbol{S}),$$

$$\iiint_V (\mathbf{rot}\, \boldsymbol{f}) \cdot \boldsymbol{g} dV - \iiint_V \boldsymbol{f} \cdot (\mathbf{rot}\, \boldsymbol{g})\, dV$$
$$= \iint_{\partial V} (\boldsymbol{f} \times \boldsymbol{g}) \cdot d\boldsymbol{S},$$
$$\iint_S ((\mathbf{grad}\, f) \times \boldsymbol{g}) \cdot d\boldsymbol{S} + \iint_S f\, (\mathbf{rot}\, \boldsymbol{g}) \cdot d\boldsymbol{S}$$
$$= \int_{\partial S} f\, (\boldsymbol{g} \cdot d\boldsymbol{x}),$$
$$\int_C g\, (\mathbf{grad}\, f) \cdot d\boldsymbol{x} + \int_C f\, (\mathbf{grad}\, g) \cdot d\boldsymbol{x}$$
$$= f\,(\boldsymbol{b})\, g\,(\boldsymbol{b}) - f\,(\boldsymbol{a})\, g\,(\boldsymbol{a}).$$

2次元では，

$$\iint_S ((\mathbf{grad}\, f) \times \boldsymbol{g})\, dS + \iint_S f\, (\mathrm{rot}\, \boldsymbol{g})\, dS$$
$$= \int_{\partial S} f\, (\boldsymbol{g} \cdot d\boldsymbol{x}),$$
$$\iint_S ((\mathbf{grad}\, f) \cdot \boldsymbol{g})\, dS + \iint_S f\, (\mathrm{div}\, \boldsymbol{g})\, dS$$
$$= \int_{\partial S} f\, (\boldsymbol{g} \times d\boldsymbol{x}),$$
$$\iint_S g\, (\mathbf{grad}\, f) \cdot d\boldsymbol{x} + \iint_S f\, (\mathbf{grad}\, g) \cdot d\boldsymbol{x}$$
$$= f\,(\boldsymbol{b})\, g\,(\boldsymbol{b}) - f\,(\boldsymbol{a})\, g\,(\boldsymbol{a})$$

となる．とくに，3次元で

$$\iiint_V \frac{\partial f}{\partial x_1} g dV + \iiint_V f \frac{\partial g}{\partial x_1} dV = \iint_{\partial V} f g dx_2 dx_3,$$

2 次元で

$$\iint_S \frac{\partial f}{\partial x_1} g dS + \iint_S f \frac{\partial g}{\partial x_1} dS = \int_{\partial S} f g dx_2$$

となる．

［練習問題］　上にあげた，多変数の部分積分公式の具体的な形をたしかめよ．

第3章

なぜベクトル解析なのか

多次元世界の微積分

一般教育としての数学

大学の数学が高校までとどこが違うかといって，きわめて現象的なことに，多変数の関数を正式に扱うことがある．こんなことはただの表面的な題材だけのように思えるが，大学の教養課程の数学にとって，案外と本質的である．

そもそも教養課程の数学は，タテマエとして，断乎として〈一般教育〉である．普通は理科系では，「基礎教育」といっているが，それでもそのいくらかは「一般教育」の単位になっているはずだ．それに，この「基礎教育」なるもの，「専門教育のシタウケ」説と「一般教育のジュージツ」説とが拮抗している．ここでも，「基礎教育」と変わらぬものが「一般教育」の単位になっていることからすると，これもタテマエとして，断乎として「一般教育のジュージツ」の方であるはずだ．

それでは〈一般教育〉とはなにか．これには，いろいろと深遠なガクセツがあったりするのだが，生まれて以来それぞれの学生の獲得した〈全数学の総括〉という意味が，少なくともタテマエとして，理念のかなり重要な中心をなしている．そこで

課題：キミの獲得した全数学を総括せよ．

そこでまず，正比例関数と微分の関係を見ることから始めよう．〈正比例〉

$$X : T \longmapsto aT$$

というのは（メンドーだから $X=X(T)$ というように，

変数の記号と関数の記号を同じ文字で書く．これはもちろん，記号の濫用だが，キチョーメンとベンリはしばしば両立せず，ぼくは〈エエカゲン〉さを好む），一種の〈理想の世界〉を表わしている．このとき，一般の（微分可能な）関数（いわば〈現実の世界〉）

$$x : t \longmapsto x(t)$$

の t における微分とは，t においてこの理想を「くっつけた」ようないわば〈SF の世界〉

$$dx : dt \longmapsto x'(t)dt$$

を表わしている．これが〈1 変数の微分〉である（図 3.1）.

これにたいし，〈多変数の正比例〉を扱うのが，「線型代数」になる．たとえば

$$X : \begin{bmatrix} S \\ T \end{bmatrix} \longmapsto [a \quad b] \begin{bmatrix} S \\ T \end{bmatrix}$$

を考えてみよう．これはグラフが平面になっている．このときの「比例定数」a と b は

$$a = (T = 0 \text{ のときの変化率 } X/S)$$
$$b = (S = 0 \text{ のときの変化率 } X/T)$$

であり，このときすでに多変数に特有の，異なった〈状況〉を重ね合わす問題が出てきている．

これが，ふたたび一般の関数

$$x : \begin{bmatrix} s \\ t \end{bmatrix} \longmapsto x(s, t)$$

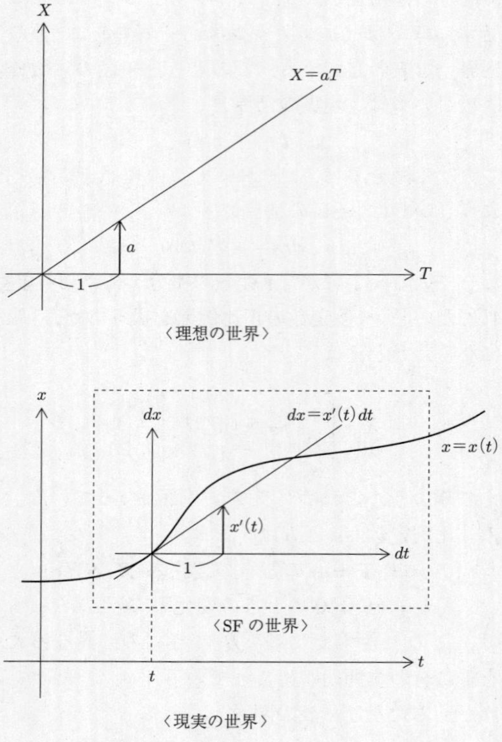

図 3.1

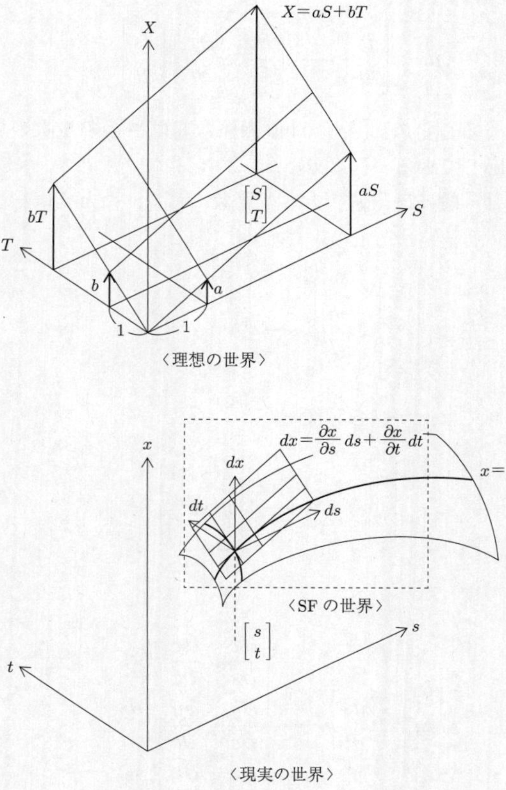
$X = aS + bT$
X
$\begin{bmatrix} S \\ T \end{bmatrix}$
aS
S
bT
T
b
a
1
1
〈理想の世界〉
$dx = \frac{\partial x}{\partial s} ds + \frac{\partial x}{\partial t} dt$
x
dx
$x = x(s, t)$
dt
ds
〈SF の世界〉
$\begin{bmatrix} s \\ t \end{bmatrix}$
s
t
〈現実の世界〉

図 3.2

になると，この微分

$$dx : \begin{bmatrix} ds \\ dt \end{bmatrix} \longmapsto \begin{bmatrix} \dfrac{\partial x}{\partial s} & \dfrac{\partial x}{\partial t} \end{bmatrix} \begin{bmatrix} ds \\ dt \end{bmatrix}$$

が出てくる．このときの，「偏微係数」はさきの 1 次の場合に対応している（図 3.2）．

もっと一般には，値の方も多変数にして，たとえば線型写像

$$\begin{bmatrix} X \\ Y \\ Z \end{bmatrix} : \begin{bmatrix} S \\ T \end{bmatrix} \longmapsto \begin{bmatrix} a & d \\ b & e \\ c & f \end{bmatrix} \begin{bmatrix} S \\ T \end{bmatrix}$$

にたいしては，一般の写像

$$\begin{bmatrix} x \\ y \\ z \end{bmatrix} : \begin{bmatrix} s \\ t \end{bmatrix} \longmapsto \begin{bmatrix} x(s,t) \\ y(s,t) \\ z(s,t) \end{bmatrix}$$

の微分

$$\begin{bmatrix} dx \\ dy \\ dz \end{bmatrix} : \begin{bmatrix} ds \\ dt \end{bmatrix} \longmapsto \begin{bmatrix} \dfrac{\partial x}{\partial s} & \dfrac{\partial x}{\partial t} \\ \dfrac{\partial y}{\partial s} & \dfrac{\partial y}{\partial t} \\ \dfrac{\partial z}{\partial s} & \dfrac{\partial z}{\partial t} \end{bmatrix} \begin{bmatrix} ds \\ dt \end{bmatrix}$$

を対応させることができる（図 3.3，図 3.4）．

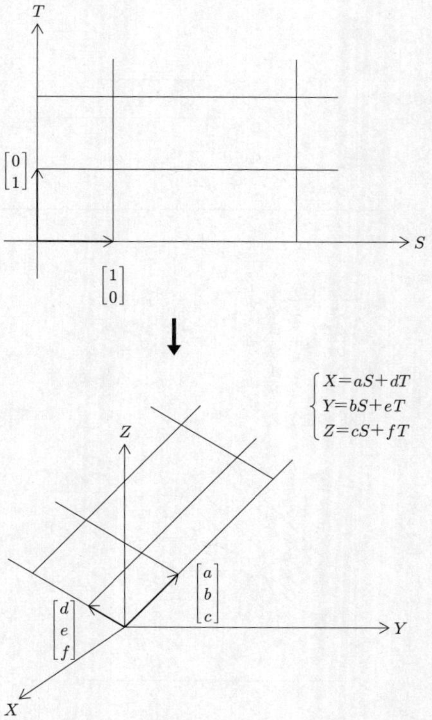

〈理想の世界〉

図 3.3

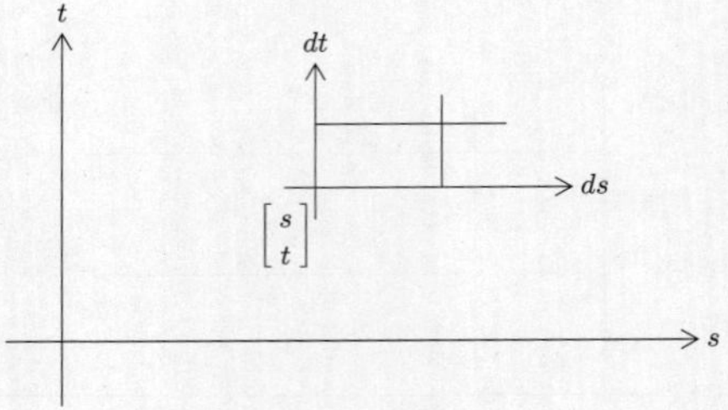

$$\downarrow\begin{cases} dx=\dfrac{\partial x}{\partial s}ds+\dfrac{\partial x}{\partial t}dt \\ dy=\dfrac{\partial y}{\partial s}ds+\dfrac{\partial y}{\partial t}dt \\ dz=\dfrac{\partial z}{\partial s}ds+\dfrac{\partial z}{\partial t}dt \end{cases}$$

〈SF の世界〉

$$\downarrow\begin{cases} x=x(s,t) \\ y=y(s,t) \\ z=z(s,t) \end{cases}$$

〈現実の世界〉

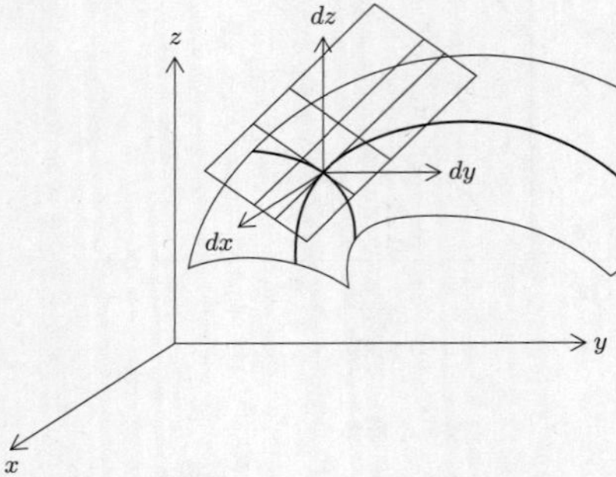

図 3.4

つまり，ここで

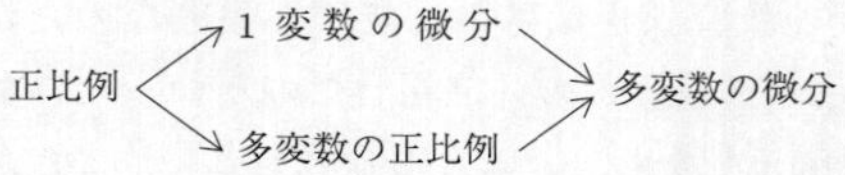

というダイアグラムが考えられる．この枠組みの完成が総括としての〈一般教育〉の基礎となる．

学校数学の総括

この視点から，学校教育の総括を試みよう．

まず小学校で，整数や小数・分数の四則をやっていることになっている．「数学」というとすぐに「数」が問題になるのだが，ヘーゲルからピアジェにいたるまで，加減はなんとか扱っても乗除の構造はまともに扱われていない．たとえばヘーゲルでは，乗法は「加法の弁証法的発展として倍が生ずる」といった粗雑さで，「加法性の保存として正比例で乗法が生ずる」方は考えてもいない．このことは，正比例（もっというなら線型代数）の思想の欠如による．

それで，乗除の問題と関連して，小学校の数学教育は正比例に収束点を見いだす．ただし，関数概念の不完全さや，負数を使ってないことや，文字表現の確立などの点で，不充分といえる．70年代になっての指導要領は，「関数」「負数」「文字」のすべてを導入したのだが，カナメともいうべき正比例の方が古代的比例式であって，無意味に分散してすべて失敗してしまった．それでこれらはすべて，中学校の課題となる．

中学校の教育課程はさらに無残な失敗なのだが，ここでは，「代数構造」だの「位相」だのといったコケオドシばかりが幅を利かして，まともな教材というと，（非同次）1次関数と（連立）1次方程式ぐらいしかない．

これらは，それぞれに，正比例から出る2つのヤジルシを意味している．

非同次1次関数

$$x : t \longmapsto c+a(t-b)$$

というのは

$$t=b+T, \qquad x=c+X$$

としての，〈相対化された正比例〉

$$X : T \longmapsto aT$$

を意味しており，これは〈微分〉の前段階だからである．

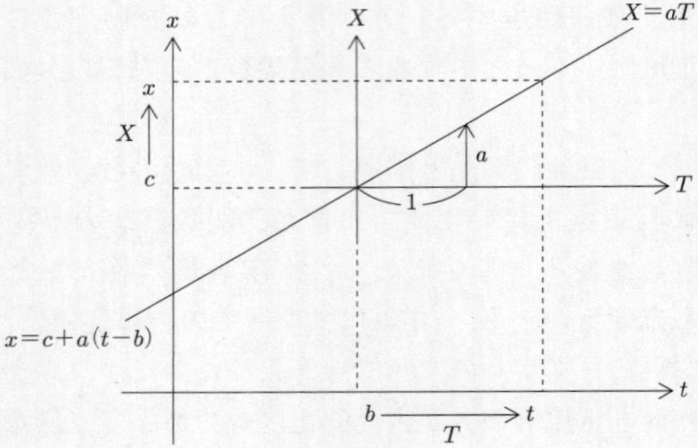

図3.5

じつは，この〈相対性〉こそ負数の使用を必然化するものでもあるし，「負数の乗法」の基礎にもなる．そこで，小学校で正比例関数が重要教材であったと同じ意味において，非同次１次関数は中学校の重要教材となる．

連立１次方程式が線型代数へつながるのは当然であろう．しかし，現実の教科書では，２変数関数をすべて１変数にして扱っている．たとえば

$$2x+3y=4$$

は，すべて

$$y=-\frac{2}{3}x+\frac{4}{3}$$

といった形（非同次１次関数のグラフ）にしてしまう．この点で，２つのヤジルシの分化が意識化されていないわけである．

高校の中心教材に微積分があるのは当然だが，それには及ばないまでも，連立１次方程式や「解析幾何」などがある．ここでも，さきの中学校以来の傾向があって，「直線の式」として

$$x=a+\alpha t$$
$$y=b+\beta t$$

や

$$\alpha(x-a)+\beta(y-b)=0 \quad (\text{または } \alpha x+\beta y=c)$$

はとりあげないで，「１次関数のグラフ」

$$y=mx+b$$

がなおも幅を利かしている．もっとも，そのノサバリよう

は教科書によっては減ったし，60年代にはベクトルが入り，70年代には行列が入って，線型代数としてこの筋が強まっている．もっともぼくは「ベクトルと行列」などが入ることよりも，連立1次方程式や解析幾何が線型代数として位置づけられることの方が，重要と考えている．最近の指導要領では，〈解析（微積分）〉と〈代数・幾何（線型代数）〉と，2本の柱に収束する傾向がある．

このことは，大学の教養課程の「基礎教育」の戦後史を追っているともいえる．元来，新制大学発足時の「基礎教育」は，旧制高校理科を基盤としていた．それの2本柱が，「解析」と「代数・幾何」だったのである．この「解析」の方は「微積分」ということで，なんとなくまとまっていたが，旧制高校の「解析幾何（といっても2次曲線論が多かった）」と「行列代数（というよりも行列式だけのようなもの）」との統合として考えられたのが，まず「代数・幾何」だった．これが定着したのが50年代，それが「線型代数」に変身しはじめたのが60年代，そして70年代の今では〈解析〉と〈線型代数〉の2本柱というのが標準になっている．

実際には，さきのダイアグラムで「1変数の微分（解析）」と「多変数の正比例（線型代数）」の部分が，まだなんといっても多いのだが，〈解析〉の方の柱の傾向としては，1変数よりは多変数に重点を移してきたことや，それも線型代数を基礎として行なうようになってきたこと，つまり「2つの流れの統合」の部分への重点が増してきたことがある．このことは，それが「基礎教育」と呼ばれようとも，〈一般教育〉としての実質を備えてきたことを意味してもいる．

多変数の微積分

こうして，多変数の微積分こそ大学の〈一般教育〉の中心教材である．

こういうと，学生の印象として，むしろ高校と違うのは，ε だの δ だのと脅かされたことにあるというかもしれない．たいていは1変数関数の微積分の前段階あたりのところで，そういったことをやかましくいうのだが，あれも本来は2変数で生きているのである．

ε-δ 論法というのは，出力の精度を ε 以下に抑えるためには入力の精度を δ 以下にすればよい，といった論理なのだが，その種の議論をする必然性は1変数ではまだ少ない．むしろ2変数になって，たとえば

$$s \longmapsto x(s,t)$$

の精度をあげるための δ の，もうひとつの変数 t への依存度が問題になって，つまり一様性の議論が必要になってはじめて，この種の議論が意味を持ってくる．この意味では，ε-δ 論法もまた2変数に固有な〈状況〉の問題に関連しているのである．

それに，いままで微分しか問題にしなかったが，「逆微分」ではない積分本来の意味が出てくるのも，2変数になってからである．たとえば，面密度が $f(x,y)$ の場合に，

（面密度）×（面積）の $f(x,y)dxdy$ を領域 D にわたって合わせて（積分して）

$$w(D)=\iint_D f(x,y)dxdy$$

を求める，というのが積分の典型となってくる．この場合には，いわば「逆積分」としての密度微分は，面積の $m(D)$ を使って

$$\lim_{D\to(x,y)}\frac{w(D)}{m(D)}=f(x,y)$$

のような形で現われてくる．

〈状況〉論理の必然性と，微分と積分の分化で典型的な現象は，積分の変数変換定理（もしくはこれと同値なたとえばストークスの定理）の「厳密な証明」の困難に象徴される．

さきに，2 変数でこそ〈論理〉が必要になる，とは言ったが，「教育的配慮」と「教師の都合」から，2 変数になると論理的にやらないのが普通である．すなわち，必要のないときは規則をやかましくいい，必要なときには規則を平気で破る，まあ学校というところはそうしたものだ．

いつか田村二郎さんと話をしていたら，田村さんは東大教養学部で完全に厳密にやったのだそうだ．ぼくはまったく感嘆して，「ヘエー，そりゃスゴイ，ぼくは一度だけやって懲りて，翌年からやめちゃいましたワ」と言うと，さすが田村大人，平然として，「そりゃぼくだって一度やってみただけですよ．あんなことを毎年やってられませんわ

ナ」.

ここでの問題は,〈微分構造〉と〈積分構造(測度構造)〉とのギャップにある. 変換

$$\begin{bmatrix} x \\ y \end{bmatrix} : \begin{bmatrix} s \\ t \end{bmatrix} \longmapsto \begin{bmatrix} x(s,t) \\ y(s,t) \end{bmatrix}$$

を微分して

$$\begin{bmatrix} dx \\ dy \end{bmatrix} : \begin{bmatrix} ds \\ dt \end{bmatrix} \longmapsto \begin{bmatrix} \dfrac{\partial x}{\partial s} & \dfrac{\partial x}{\partial t} \\ \dfrac{\partial y}{\partial s} & \dfrac{\partial y}{\partial t} \end{bmatrix} \begin{bmatrix} ds \\ dt \end{bmatrix}$$

を作るわけだが, ここで面積の変換を考えねばならない.

線型の場合

$$\begin{bmatrix} X \\ Y \end{bmatrix} : \begin{bmatrix} S \\ T \end{bmatrix} \longmapsto \begin{bmatrix} a & c \\ b & d \end{bmatrix} \begin{bmatrix} S \\ T \end{bmatrix}$$

についての面積比が行列式

$$\begin{vmatrix} a & c \\ b & d \end{vmatrix} = ad-bc$$

で, この場合

$$(XY) = \begin{vmatrix} a & c \\ b & d \end{vmatrix} (ST)$$

というのが面積の変換式になっている(図 3.6).

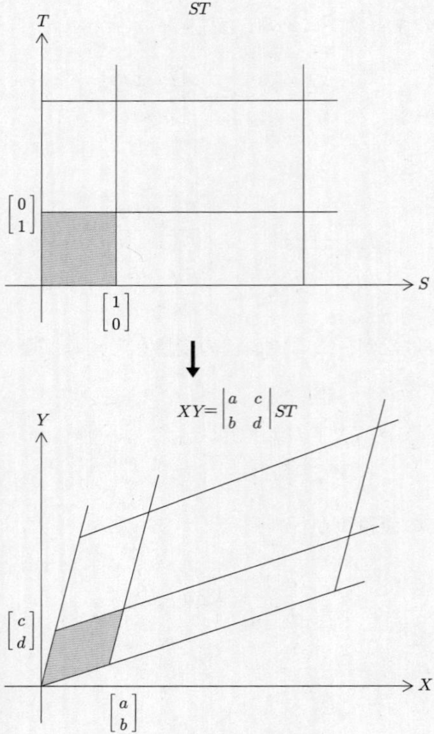
ST
T
S
$\begin{bmatrix}0\\1\end{bmatrix}$
$\begin{bmatrix}1\\0\end{bmatrix}$
$XY=\begin{vmatrix}a & c\\ b & d\end{vmatrix}ST$
Y
X
$\begin{bmatrix}c\\d\end{bmatrix}$
$\begin{bmatrix}a\\b\end{bmatrix}$

図 3.6

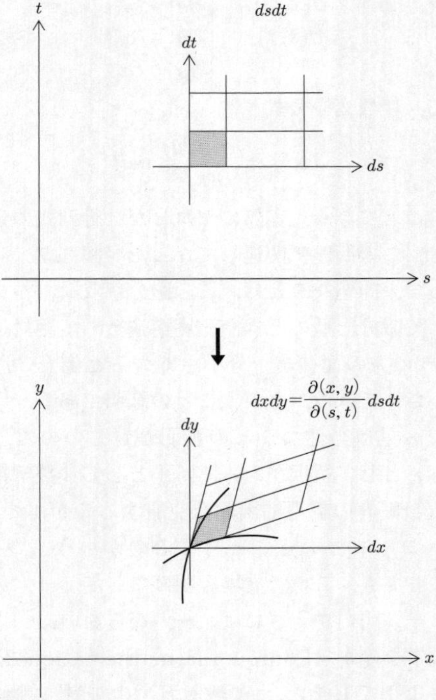

図 3.7

そこで，ここでは関数行列式

$$\frac{\partial(x,y)}{\partial(s,t)} = \begin{vmatrix} \dfrac{\partial x}{\partial s} & \dfrac{\partial x}{\partial t} \\ \dfrac{\partial y}{\partial s} & \dfrac{\partial y}{\partial t} \end{vmatrix}$$

をとって，変数変換公式

$$dxdy = \frac{\partial(x,y)}{\partial(s,t)} dsdt$$

を考えることになる．実際にヤコビが「行列式の定義」をしたのも，この問題に関連してだった（図 3.7）．

ところで，問題なことは，この微分が双射，つまり微分構造として微分同型のとき，測度構造として絶対連続つまり，(s,t) の方の面積を十分小さくすると像 (x,y) の方の面積も小さくできる，ということの証明である．

こんな一見は当然なことの証明が難しいのだ．ここでは〈教育〉として選択がある．断乎として「数学精神」のため 2 変数固有の論理的困難を克服するのが 1 つの立場，モーヤメヨーヨということにするのがもう 1 つの立場，いずれにしても，ここで立場を明確にしてェー，数学を根底からァー，問いかえさねばァー，ならない．

なぜ数学なのか（Pourquoi la mathématique?）．

なんとここでもまた，〈一般教育〉の神髄に触れとるではないか．

歴史的考察

このあたりで少し，歴史を振りかえっておこう．

多変数関数の微積分は，18 世紀までにもあるが，主要な部分は 19 世紀にある．その背景には．社会的には産業革命がある．力学の世紀としての 18 世紀にたいし，19 世紀の数理物理は〈波〉〈熱〉〈ポテンシャル〉の典型的偏微分方程式に象徴される．それは，エネルギー伝達機構を考察すると，機械から熱機関そして電力への歴史によく対応している（しすぎている）．ここで，力学の運動方程式が時間の関数（1 変数関数）であったのにたいして，19 世紀の主題の場の方程式は空間の関数（多変数関数）としてある．

一方，〈自然〉への賛歌は，フランス革命からエコール・ポリテクニクへの主調であって，幾何学と数理物理が数学的主題とされていた．この点で，ドイツへ行くとガウスやヤコビがあるのだが，イギリス（およびアイルランド）の 19 世紀というのが，興味あることになる．

19 世紀イギリスというのは奇妙なところがあって，ドイツ中心の「数学史」では無視されがちなのだが，まず直接的には，グリーンやストークス，そしてマクスウェルにいたる電磁気学を中心とした数理物理学派があって，ベクトル解析はまさにそこで生まれたのである．18 世紀にニュートンの虚名だけだったイギリスが，19 世紀になって復活してきた背景も興味深いが，アマチュアリズムやら技術主義やら形式主義やらの混ざりあった 19 世紀イギリスの雰囲気はドイツ風の単純性がないところが，また興味がある．

ここで重要な人物に，アイルランドの酔っぱらいのハミルトンがある．というのは，彼はベクトル解析においてマクスウェルの先駆者でもあり，線型代数においてケイリーの先駆者でもあるからである．数理物理と幾何と線型代数という三題噺は，どうもこの人物のところで交叉している．この地点から眺めると，19 世紀数学史も違った風景に見えてこよう．リーマンから眺めたり，カントルから眺めたりばかりでは見えない景色である．

すると，「ベクトル解析」というと，解析学の付録か電磁気学への応用のように考えられてきたことの愚かさに，いやでも気がつくだろう．

ベクトル解析というと，さしあたり

$$\int_A^B \left(\frac{\partial f}{\partial x}dx+\frac{\partial f}{\partial y}dy\right)=f(B)-f(A),$$

$$\iint_D \left(\frac{\partial h}{\partial x}-\frac{\partial g}{\partial y}\right)dxdy=\int_{\partial D}(gdx+hdy),$$

$$\iint_D \left(\frac{\partial g}{\partial x}+\frac{\partial h}{\partial y}\right)dxdy=\int_{\partial D}(gdy-hdx)$$

といった公式に会うだろう．本当は 3 次元が必要だし，3 次元までやるとかなり n 次元への展望も見えてくるのだが，さしあたり 2 次元で辛抱しよう．

ここで，∂D というのは領域 D の境界の曲線を表わしている．また，曲線についての積分は，その曲線 C を

$$\begin{bmatrix} x \\ y \end{bmatrix} : t \longmapsto \begin{bmatrix} x(t) \\ y(t) \end{bmatrix}$$

といった軌跡で表現しておけば，たとえば

$$\int_C (gdx + hdy) = \int \left(g\frac{dx}{dt} + h\frac{dy}{dt} \right) dt$$

という普通の積分に直せる．つまり，普通の積分は区間上の積分で，これを曲線上の積分に一般化したのである．

最初の式の意味は，等ポテンシャル線，たとえば山の地図を考えれば理解できる．ここで

$$df = \frac{\partial f}{\partial x}dx + \frac{\partial f}{\partial y}dy$$

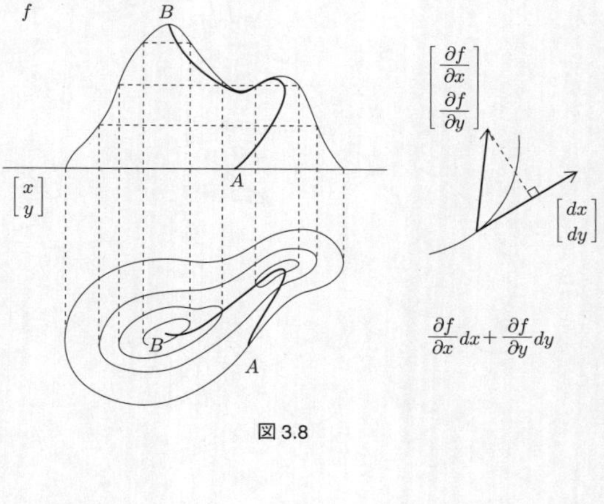

図 3.8

は，山道に沿っての勾配を考えた高度変化（内積）であって，それを積分すれば全変化がえられることになる．

次の 2 つは，流れを ∂D に沿っての部分と，∂D を横切っての部分に分解する．すると，内積の

$$gdx+hdy$$

は ∂D に沿っての流れで，積分すると全循環量がえられる．それにたいして，外積の

$$gdy-hdx$$

は ∂D を横切って全流出量になる．この場合，内積と外積がそれぞれに意味を持ってくるわけである．

それで

$$\frac{\partial h}{\partial x}-\frac{\partial g}{\partial y}=\lim_{D\to(x,\,y)}\frac{\displaystyle\int_{\partial D}(gdx+hdy)}{\displaystyle\iint_{D}dxdy}$$

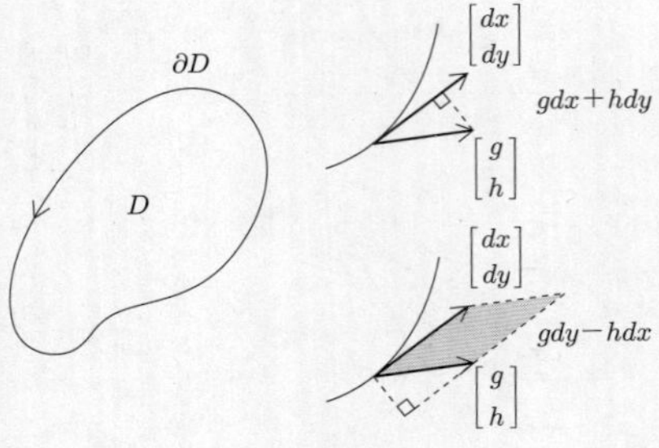

図 3.9

$$\frac{\partial g}{\partial x}+\frac{\partial h}{\partial y}=\lim_{D\to(x,y)}\frac{\displaystyle\int_{\partial D}(gdy-hdx)}{\displaystyle\iint_D dxdy}$$

は，〈渦〉の密度と〈泉〉の密度を意味し，渦を集めて全循環がえられ，泉を集めて全流出がえられることになっている．これによって，磁気の〈渦〉と電気の〈泉〉が解析されるのである．

多次元の量の世界

いままでの話すべてを流れているのは，〈微積分の理念〉つまり「微積分の基本定理」といわれる，微分と積分の逆関係である．それがこのような多様な形をとるのは，多次元世界の多様性によっている．すなわち，1次元ではすべてが単色に見えたのが，分化して多彩になってくるのだ．これは，真の〈統一〉とは新たな〈分化〉でもある，という典型ともいえる．

1次元の微積分について，いくつかの形を数えてみよう．

1)　密度

$$\lim_{I\to x}\frac{\displaystyle\int_I f(x)dx}{\displaystyle\int_I dx}=f(x).$$

2) 拡大率

$$\lim_{I \to x} \frac{\displaystyle\int_{f(I)} dx}{\displaystyle\int_I dx} = f'(x).$$

3) 変化の総和

$$\int_a^b f'(x)dx = f(b) - f(a).$$

4) ポテンシャル

$$df = gdx, \qquad f(a) = c$$

となる f は

$$f = c + \int_a^x gdx.$$

5) 領域の変化

$$\frac{d}{dt}\int_{a(t)}^{b(t)} f(x)dx = f(b)b'(t) - f(a)a'(t)$$

とくに

$$\frac{d}{dt}\int_a^t f(x)dx = f(t).$$

これらを2次元で考えると，密度については線密度が面密度になっただけだし，拡大率については面積の拡大率としての関数行列式になっている．

3) の議論が「ベクトル解析」で一番普通の部分，さきにあげた公式群になるのだが，これを統一的に論ずるためには，〈微分式〉の世界を構築して

$$d(gdx+hdy)=\left(\frac{\partial h}{\partial x}-\frac{\partial g}{\partial y}\right)dxdy,$$

$$d(gdy-hdx)=\left(\frac{\partial g}{\partial x}+\frac{\partial h}{\partial y}\right)dxdy$$

のような演算を考えていくとよい．この形式にすると，これは統一的な〈ストークスの定理〉

$$\int_D d\omega=\int_{\partial D}\omega$$

の形になる．

4）と 5）はいままでには論じなかった．微分式の微分については

$$d(d\omega)=0$$

という性質がある．たとえば

$$df=gdx+hdy$$

については

$$g=\frac{\partial f}{\partial x},\qquad h=\frac{\partial f}{\partial y}$$

だから

$$\frac{\partial h}{\partial x}-\frac{\partial g}{\partial y}=\frac{\partial^2 f}{\partial x\partial y}-\frac{\partial^2 f}{\partial y\partial x}=0$$

となる．そこで

$d\omega'=0$ なら $\omega'=d\omega$ となる ω がとれる

というのが，4）の一般化になる．

これは，18 世紀には「完全微分形」として知られていた部分で，たとえば 2 次元で

$$\frac{\partial h}{\partial x}=\frac{\partial g}{\partial y}$$

のときは

$$f(x,y)=c+\int_{(a,b)}^{(x,y)}(gdx+hdy)$$

をとればよいことになる．ここで

$$c=f(a,b)$$

はポテンシャルのレベルを表わす「積分定数」になる．ただしそのためには，積分径路に無関係にこの値がきまらねばならないが，それは

$$\int_{C_1}(gdx+hdy)-\int_{C_2}(gdx+hdy)$$

$$=\int_{\partial D}(gdx+hdy)=\iint_D\left(\frac{\partial h}{\partial x}-\frac{\partial g}{\partial y}\right)dxdy$$

でよい．しかしそれは，D が領域として穴があいてない場合である．穴があいていると，それが障害となって，穴のまわりを一周するとポテンシャルがあがることが起こる．

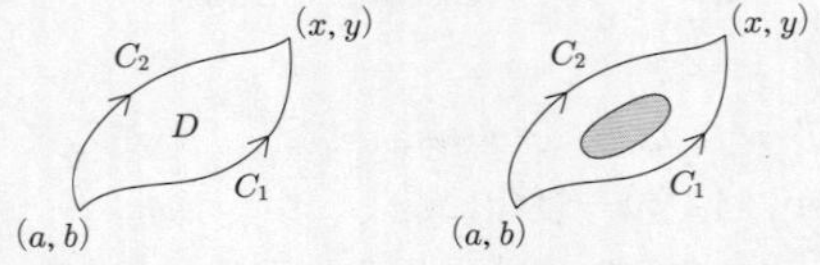

（積分のきまる場合）　（積分のきまらない場合）

図 3.10

ここで，穴のあきぐあいが問題になる．これこそ，位相幾何の源泉でもあった．

最後の 5）は

$$\frac{d}{dt}\iint_{(St)} f(x,y)dxdy$$

$$=\int_{\partial(St)} f(x,y)\left(\frac{dx}{dt}dy-\frac{dy}{dt}dx\right)$$

といった形で，「積分範囲」の概念を一般化してカレントで論じたりするのが「純粋数学」では普通であるが，案外に「初等的応用」で必要になったりするのは，これも「微積分の基本定理」のひとつの表現であるからでもあろう．

この種のことは，〈多様体論〉への道でもあり，〈位相幾何学〉の出発点でもあった．実際に，ポアンカレやカルタンから，20 世紀でもっともはなばなしい舞台となった部分への入り口にたっているのである．多次元の量の多彩性は，もちろん電磁気学や流体力学などで裏づけられるのだが，それは「応用」というより，その〈世界〉そのものが，〈数学〉を開示しているのだ．ここで，「純粋数学」か「応用数学」か，といった問いはひどく矮小にきこえる．

そしてぼくは，〈一般教育〉とはなにかという問い以上に，〈専門教育〉とはなにかに答えるのをためらうのだが，なにかしらこうした〈世界の開示〉は〈専門教育〉への道ぐらいは暗示しているように思える．おそらく，真の〈一般教育〉といったものは，そうした形で〈専門教育〉に自然に導かれるものだろうと思う．

演習問題

1. $\boldsymbol{A}$ が真に正値であるための条件は，固有値がすべて正であることを示せ．

2. $\boldsymbol{A}$ を真に正値，

$$f(\boldsymbol{x})=\boldsymbol{A}\boldsymbol{x}\cdot\boldsymbol{x}+2\boldsymbol{b}\cdot\boldsymbol{x}+c,$$

$$g(\boldsymbol{x})=f(\boldsymbol{x})-2(\boldsymbol{A}\boldsymbol{x}+\mathbf{b})\cdot(\boldsymbol{x}-\boldsymbol{a})$$

とするとき，次のことを示せ．

1） 任意の $\boldsymbol{x},\boldsymbol{y}$ にたいして

$$f(\boldsymbol{x})-f(\boldsymbol{y})\geqq 2(\boldsymbol{A}\boldsymbol{y}+\boldsymbol{b})\cdot(\boldsymbol{x}-\boldsymbol{y}).$$

2） $(\boldsymbol{A}\boldsymbol{y}+\boldsymbol{b})\cdot(\boldsymbol{x}-\boldsymbol{a})=0$ ならば $f(\boldsymbol{x})\geqq g(\boldsymbol{y})$.

3） 部分ベクトル空間 $\boldsymbol{W}$ にたいし

$$\min_{\boldsymbol{x}-\boldsymbol{a}\in\boldsymbol{W}} f(\boldsymbol{x})=f(\boldsymbol{c}),\qquad \boldsymbol{x}-\boldsymbol{c}\in\boldsymbol{W}$$

ならば,

$$\max_{(\boldsymbol{A}\boldsymbol{y}+\boldsymbol{b})\perp\boldsymbol{W}} g(\boldsymbol{y})=g(\boldsymbol{c}),\qquad (\boldsymbol{A}\boldsymbol{c}+\boldsymbol{b})\perp\boldsymbol{W}.$$

4） $f(\boldsymbol{c})=g(\boldsymbol{c})$.

3. 多様体 $f_1(\boldsymbol{x})=0, f_2(\boldsymbol{x})=0,\cdots,f_n(\boldsymbol{x})=0$ 上で定義された関数 $g(\boldsymbol{x})$ が，この上の任意の点の近傍で定数でないための条件は，各点の近傍に

$$\operatorname{rank}\begin{bmatrix} f_1'(\boldsymbol{x}) \\ f_2'(\boldsymbol{x}) \\ \vdots \\ f_n'(\boldsymbol{x}) \\ g'(\boldsymbol{x}) \end{bmatrix} = \operatorname{rank}\begin{bmatrix} f_1'(\boldsymbol{x}) \\ f_2'(\boldsymbol{x}) \\ \vdots \\ f_n'(\boldsymbol{x}) \end{bmatrix} + 1$$

となる点があることであることを示せ.

4. 多様体 $f_1(\boldsymbol{x})=0, f_2(\boldsymbol{x})=0, \cdots, f_n(\boldsymbol{x})=0$ 上で考える. この上で, 関数 $g_1(\boldsymbol{x}), g_2(\boldsymbol{x}), \cdots, g_m(\boldsymbol{x})$ にたいし, 任意の点の近傍で,

$$F(g_1(\boldsymbol{x}), g_2(\boldsymbol{x}), \cdots, g_m(\boldsymbol{x})) = 0$$

となる F で定数でないものの存在する範囲があるための条件は, 各点の近傍で,

$$\operatorname{rank}\begin{bmatrix} f_1'(\boldsymbol{x}) \\ \vdots \\ f_n'(\boldsymbol{x}) \\ g_1'(\boldsymbol{x}) \\ \vdots \\ g_m'(\boldsymbol{x}) \end{bmatrix} < \operatorname{rank}\begin{bmatrix} f_1'(\boldsymbol{x}) \\ \vdots \\ f_n'(\boldsymbol{x}) \end{bmatrix} + m$$

であることを示せ.

5. 有界集合の外で 0 になるような任意の連続関数 f にたいして, 連続関数 w が,

$$\int f(\boldsymbol{x})w(\boldsymbol{x})dV = \int f(\boldsymbol{y}(\boldsymbol{x}))w(\boldsymbol{x})dV$$

となるための条件は，

$$\det \boldsymbol{y}'(\boldsymbol{x}) = \frac{w(\boldsymbol{x})}{w(\boldsymbol{y}(\boldsymbol{x}))}$$

であることを示せ．

6. $0 < x < +\infty$ において，有界集合の外で 0 になるような任意の連続関数 f と，正数 r にたいし

$$\int_0^{+\infty} f(x)w(x)dx = \int_0^{+\infty} f(xr)w(x)dx$$

となる連続関数 w は，

$$w(x) = \frac{c}{x}$$

であることを示せ．

7. 原点を除いた n 次元空間で，有界集合の外で 0 になるような任意の連続関数 f と，回転 $\boldsymbol{R}$ にたいし

$$\int f(\boldsymbol{x})w(\boldsymbol{x})dV = \int f(\boldsymbol{Rx})w(\boldsymbol{x})dV$$

となる連続関数 w は，

$$w(\boldsymbol{x}) = \rho(|\boldsymbol{x}|)$$

の形にかぎることを示せ．

8. 原点を除いた n 次元空間で，同じく，回転と相似拡大の合成 $\boldsymbol{A}$ にたいし，

$$\int f(\boldsymbol{x})w(\boldsymbol{x})dV = \int f(\boldsymbol{Ax})w(\boldsymbol{x})dV$$

となる連続関数 w は

$$w(\boldsymbol{x}) = \frac{c}{|\boldsymbol{x}|^n}$$

にかぎることを示せ．

9.　球面 $\boldsymbol{S}$ 上で，任意の連続関数 f と任意の回転 $\boldsymbol{R}$ にたいし，

$$\iint_{S} f(\boldsymbol{x})w(\boldsymbol{x})dS = \iint_{S} f(\boldsymbol{R}\boldsymbol{x})w(\boldsymbol{x})dS$$

ならば，w は定数であることを示せ．

10.　微分方程式

$$\frac{d\boldsymbol{y}}{dt} = \boldsymbol{f}(\boldsymbol{y}), \qquad \boldsymbol{y}(0) = \boldsymbol{x}$$

が，一意的な解

$$\boldsymbol{y} = \boldsymbol{y}(\boldsymbol{x}, t), \qquad \boldsymbol{y}(\boldsymbol{x}, 0) = \boldsymbol{x}$$

をもつとする．いま，

$$\operatorname{div} \boldsymbol{f} = 0$$

ならば，

$$\int_{\boldsymbol{V}} dV = \int_{y(\boldsymbol{V}, t)} dV$$

であることを示せ．

11.　前問で，

$$F(\boldsymbol{y}(\boldsymbol{x}, t)) = F(\boldsymbol{x})$$

とする．このとき，

$$F(\boldsymbol{x}) = k \quad (\text{定数})$$

上の，有界集合の外で 0 となる任意の連続関数 f にたいして，

$$\int_{F(\boldsymbol{x})=k} f(\boldsymbol{x}) \frac{dS}{|\mathbf{grad}\, F|} = \int_{F(\boldsymbol{x})=k} f(\boldsymbol{y}(\boldsymbol{x},t)) \frac{dS}{|\mathbf{grad}\, F|}$$

であることを示せ.

練習問題解答

第 1 章

4. (p. 62)

1)
$$\begin{bmatrix} dx \\ dy \\ dz \end{bmatrix} = \begin{bmatrix} a\sinh\xi\cos\varphi & -a\cosh\xi\sin\varphi \\ a\sinh\xi\sin\varphi & a\cosh\xi\cos\varphi \\ a\cosh\xi & 0 \end{bmatrix} \begin{bmatrix} d\xi \\ d\varphi \end{bmatrix}$$

2)
$$\begin{bmatrix} dx \\ dy \\ dz \end{bmatrix} = \begin{bmatrix} a\cosh\xi\cos\varphi & -a\sinh\xi\sin\varphi \\ a\cosh\xi\sin\varphi & a\sinh\xi\cos\varphi \\ a\sinh\xi & 0 \end{bmatrix} \begin{bmatrix} d\xi \\ d\varphi \end{bmatrix}$$

3)
$$\begin{bmatrix} dx \\ dy \\ dz \end{bmatrix} = \begin{bmatrix} \sin\alpha\cos\varphi & -r\sin\alpha\sin\varphi \\ \sin\alpha\sin\varphi & r\sin\alpha\cos\varphi \\ \cos\alpha & 0 \end{bmatrix} \begin{bmatrix} dr \\ d\varphi \end{bmatrix}$$

7. (p. 88)

1)
$$\begin{bmatrix} dx \\ dy \end{bmatrix} = \begin{bmatrix} 2u & -2v \\ 2v & 2u \end{bmatrix} \begin{bmatrix} du \\ dv \end{bmatrix},$$

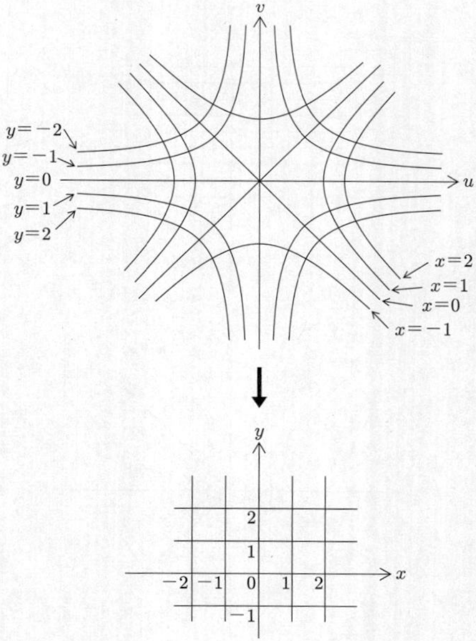

図 4.1

$$\begin{bmatrix} du \\ dv \end{bmatrix} = \frac{1}{4(u^2+v^2)} \begin{bmatrix} 2u & 2v \\ -2v & 2u \end{bmatrix} \begin{bmatrix} dx \\ dy \end{bmatrix}$$

となって，(x, y) の半平面が (u, v) に対応する（図 4.1）.

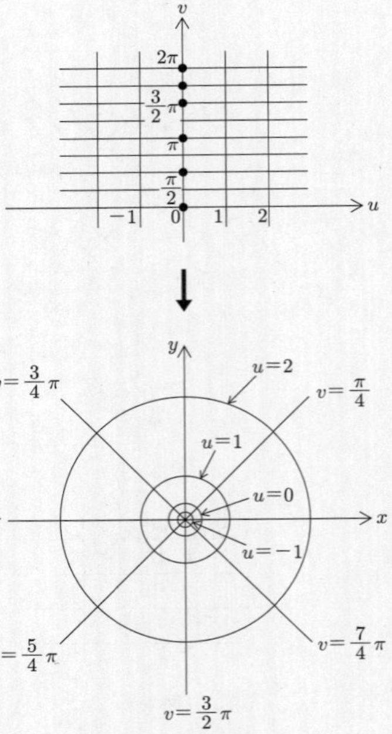

図 4.2

2) $$\begin{bmatrix} dx \\ dy \end{bmatrix} = \begin{bmatrix} e^u \cos v & -e^u \sin v \\ e^u \sin v & e^u \cos v \end{bmatrix} \begin{bmatrix} du \\ dv \end{bmatrix},$$

$$\begin{bmatrix} du \\ dv \end{bmatrix} = e^{-2u} \begin{bmatrix} e^u \cos v & e^u \sin v \\ -e^u \sin v & e^u \cos v \end{bmatrix} \begin{bmatrix} dx \\ dy \end{bmatrix}$$

となり，$0 \leqq v \leqq 2\pi$ が，(u, v) 平面の極座標で (e^u, v) に対応する（図 4.2）．

9.（p. 114）

1）
$$\frac{D_0 D_1 + D_1 D_0}{2} = xy \frac{\partial^2}{\partial y^2} - x^2 \frac{\partial^2}{\partial x \partial y}$$
$$\frac{D_0 D_2 + D_2 D_0}{2} = xy \frac{\partial^2}{\partial x^2} - y^2 \frac{\partial^2}{\partial x \partial y},$$
$$\frac{D_1 D_2 + D_2 D_1}{2} = xy \frac{\partial^2}{\partial x \partial y} + \frac{1}{2} x \frac{\partial}{\partial x} + \frac{1}{2} y \frac{\partial}{\partial y}$$

2）$[D_1, D_2] = -D_3, \quad [D_2, D_3] = -D_1,$
$[D_3, D_1] = -D_2,$
$$\frac{D_1 D_2 + D_2 D_1}{2} = xy \frac{\partial^2}{\partial y \partial z} + yz \frac{\partial^2}{\partial x \partial y} - y^2 \frac{\partial^2}{\partial z \partial x} - zx \frac{\partial^2}{\partial y^2} + \frac{1}{2} x \frac{\partial}{\partial z} + \frac{1}{2} z \frac{\partial}{\partial x},$$
$$\frac{D_2 D_3 + D_3 D_2}{2} = yz \frac{\partial^2}{\partial z \partial x} + zx \frac{\partial^2}{\partial y \partial z} - z^2 \frac{\partial^2}{\partial x \partial y} - xy \frac{\partial^2}{\partial z^2} + \frac{1}{2} y \frac{\partial}{\partial x} + \frac{1}{2} x \frac{\partial}{\partial y},$$

$$\frac{D_3D_1+D_1D_3}{2}=zx\frac{\partial^2}{\partial x\partial y}+xy\frac{\partial^2}{\partial z\partial x}-x^2\frac{\partial^2}{\partial y\partial z}$$
$$-yz\frac{\partial^2}{\partial x^2}+\frac{1}{2}z\frac{\partial}{\partial y}+\frac{1}{2}y\frac{\partial}{\partial z}$$

3) i) $\frac{u^2+1}{(u-v)^2}\frac{\partial^2}{\partial u^2}-\frac{2(uv+1)}{(u-v)^2}\frac{\partial^2}{\partial u\partial v}+\frac{v^2+1}{(v-u)^2}\frac{\partial^2}{\partial v^2}$
$+\frac{2(uv+1)}{(v-u)^3}\frac{\partial}{\partial u}+\frac{2(uv+1)}{(u-v)^3}\frac{\partial}{\partial v}$

ii) $\frac{1}{4(u^2+v^2)}\left(\frac{\partial^2}{\partial u^2}+\frac{\partial^2}{\partial v^2}\right)$

12. (p. 150)

1) a^3

2) i) $\pm\sqrt{10}$

ii) ± 2

iii) $\frac{-1\pm\sqrt{13}}{2}$

iv) $1, 3$

v) $0, -5$

第2章

5. (p. 205)

1) 1

2) $\frac{16}{3}$

3) $\frac{8}{3}(6-3\sqrt{2})$

6. (p. 218)

1) $$ds^2 = \left(1 + \left(\frac{\partial f}{\partial x}\right)^2\right) dx^2 + 2\frac{\partial f}{\partial x}\frac{\partial f}{\partial y} dxdy + \left(1 + \left(\frac{\partial f}{\partial y}\right)^2\right) dy^2$$

2) $$ds^2 = \left(1 + \left(\frac{\partial f}{\partial \rho}\right)^2\right) d\rho^2 + 2\frac{\partial f}{\partial \rho}\frac{\partial f}{\partial \varphi} d\rho d\varphi + \left(\rho^2 + \left(\frac{\partial f}{\partial \varphi}\right)^2\right) d\varphi^2$$

3) $$ds^2 = \left(f^2 + \left(\frac{\partial f}{\partial \theta}\right)^2\right) d\theta^2 + 2\frac{\partial f}{\partial \theta}\frac{\partial f}{\partial \varphi} d\theta d\varphi + \left(f^2 \sin^2\theta + \left(\frac{\partial f}{\partial \varphi}\right)^2\right) d\varphi^2$$

7. (p. 233)

1) 4

2) 8

3) $8(2-\sqrt{2})$

10. (p. 284)

略

新版あとがき

ぼくは，学校でベクトル解析を教わったことがない．学校へあまり出なかったこともあるが，そのころは，あまり正規のカリキュラムに位置づけられてなかったようだ．

中学校や高校のころは，数学少年だったので，ベクトル解析の書いてある本にはふれた．もう忘れてしまったが，そのころのことだから，「応用数学」として書かれていて，もひとつしっくりこなかった．

だから，ぼくにとってのベクトル解析とは，30歳ぐらいになって，京大の教養部で教えるようになってからのものだ．もっとも，たいていのことは，学校で教わった記憶があまりなくって，学生に教えることで勉強しなおしたようなところがある．

それに，1960年ごろというのは，多様体論が定着しはじめたころだ．秋月康夫の『調和積分論』とか，岩堀長慶の東大でのレクチャー・ノートとか，ちょうどそのころに勉強した記憶がある．ド・ラームの本も読んだっけ．だから，そのころの数学の流れと，教わったことのないベクトル解析を講義せねばならなかったことが，うまく合っていたとも言える．

それに，60年代のぼくは，数学教育協議会にかなりのめりこんでいた．学校で数学を学ぶのが苦手だっただけに，小学校から高校まで，数学教育を見なおすことは，とても新鮮だった．とくに，量の理論を，中学校以上で考えなおすというのは，かなり興味をそそられる主題だった．

数学教育というのは，どう教えるかということよりは，ぼくとしては，数学のわかり方の構造を知ることのほうにある．そして，それは大学でベクトル解析を教えるということと重なった．昔なつかしい言いまわしを使うなら，認識と実践．

今でこそ，ベクトル解析は，大学教養課程数学の結節点と言っても，それほどいぶかられまい．60 年代というのは，応用のための付録からカリキュラムの結節点へと，ベクトル解析の位置づけが上昇する時期でもあった．

それで，1966 年に，国土社の「数学ブックス」というシリーズの一冊として出たこの本には，ぼくの 30 代を，そして 60 年代という時代を象徴するような思いがある．

ぼくは学校ぎらいだった過去を引きずってか，いまだに教科書ぎらいである．だから，教科書風の本より，読物風の本を書くことが多い．ただこの本だけは，シリーズの約束から，いくらか教科書風になっている．ぼくの本で，「練習問題」だの「演習問題」だのがついているのは，この本ぐらいのものだ．練習問題のほうは，本文の理解をたしかめるため計算してみるという趣旨．演習問題のほうは，本文の適用ではなくて，本文を基礎にして考えてみるほうで，期末試験だのレポートだのに出したりしたもの．

それから四半世紀近くたって，いろんな本が出ているし，ある程度は常識化したことも多い．それでも，《多次元の量と微積分》として，多様体上の微積分の基本定理という問題意識を自己宣伝しておこう．

ぼくにとっての「東京オリンピック」みたいな本なのである．

1989年　春

森 毅

本書は、一九八九年三月十五日、日本評論社より刊行された。なお文庫化にあたり「なぜベクトル解析なのか」（日本評論社刊「数学セミナー」一九七六年一月号所収）を本書第3章として追補した。

新版 数学プレイ・マップ　森　毅

一刀斎の案内で数の世界を気ままに歩き、勝手に遊ぶ数学エッセイ。「微積分の七不思議」「数学の大いなる流れ」他三篇を増補。（亀井哲治郎）

フィールズ賞で見る現代数学　マイケル・モナスティルスキー　眞野元訳

「数学のノーベル賞」とも称されるフィールズ賞。その誕生の歴史、および第一回から二〇〇六年までの歴代受賞者の業績を概説。

思想の中の数学的構造　山下正男

レヴィ＝ストロースと群論？　ニーチェやオルテガの遠近法主義、ヘーゲルと解析学、孟子と関数概念……。数学的アプローチによる比較思想史。

熱学思想の史的展開１　山本義隆

熱の正体は？　その物理的特質とは？『磁力と重力の発見』の著者による壮大な科学史。熱力学入門書としての評価も高い。全面改稿。

熱学思想の史的展開２　山本義隆

熱力学はカルノーの一篇の論文に始まり骨格が完成した。熱素説に立ちつつも、時代に半世紀も先行していた。理論のヒントは水車だったのか？

熱学思想の史的展開３　山本義隆

隠された因子、エントロピーがついにその姿を現わす。そして重要な概念が加速的に連結し熱力学が体系化されていく。格好の入門篇。全３巻完結。

重力と力学的世界(上)　山本義隆

〈重力〉理論完成までの思想的格闘の跡を丹念に辿り、先人の思考の核心に肉薄する壮大な力学史。上巻は、ケプラーからオイラーまでを収録。

重力と力学的世界(下)　山本義隆

西欧近代において、古典力学はいかなる世界を発見し、いかなる世界像を作り出し、そして何を切り捨ててきたのか。歴史形象としての古典力学。

数学がわかるということ　山口昌哉

非線形数学の第一線で活躍した著者が〈数学とは〉をしみじみと、〈私の数学〉を楽しげに語る異色の数学入門書。（野崎昭弘）

工学の歴史　三輪修三

オイラー、モンジュ、フーリエ、コーシーらは数学者であり、同時に工学の課題に方策を授けていた。「ものつくりの科学」の歴史をひもとく。

関数解析　宮寺功

偏微分方程式論などへの応用をもつ関数解析。バナッハ空間論からベクトル値関数、半群の話題まで、その基礎理論を過不足なく丁寧に解説。（新井仁之）

ユークリッドの窓　レナード・ムロディナウ　青木薫訳

平面、球面、歪んだ空間、そして……。幾何学的世界像は今なお変化し続ける。『スタートレック』の脚本家が誘う三千年のタイムトラベルへようこそ。

ファインマンさん 最後の授業　レナード・ムロディナウ　安平文子訳

科学の魅力とは何か？　創造とは、そして死とは？　老境を迎えた大物理学者との会話をもとに書かれた、珠玉のノンフィクション。（山本貴光）

生物学のすすめ　ジョン・メイナード＝スミス　木村武二訳

現代生物学では何が問題になるのか。20世紀生物学に多大な影響を与えた大家が、複雑な生命現象を理解するためのキー・ポイントを易しく解説。

現代の古典解析　森毅

おなじみ一刀斎の秘伝公開！　極限と連続に始まり、指数関数と三角関数を経て、偏微分方程式に至る。見晴らしのきく、読み切り22講義。

ベクトル解析　森毅

1次元線形代数学から多次元へ、1変数の微積分から多変数へ。応用面と異なる、教育的重要性を軸に展開するユニークなベクトル解析のココロ。

対談 数学大明神　森毅　安野光雅

数楽的センスの大饗宴！　読み巧者の数学者と数学ファンの画家が、とめどなく繰り広げる興趣つきぬ数学談義。（河合雅雄・亀井哲治郎）

線型代数　森毅

理工系大学生必須の線型代数を、その生態のイメージと意味のセンスを大事にしつつ、基礎的な概念をひとつひとつユーモアを交え丁寧に説明する。

ロバート・オッペンハイマー
藤永茂
マンハッタン計画を主導し原子爆弾を生み出したオッペンハイマーの評伝。多数の資料をもとに、政治に翻弄、欺かれた科学者の愚行と内的葛藤に迫る。

πの歴史
ペートル・ベックマン
田尾陽一／清水韶光訳
円周率だけでなく意外なところに顔をだすπ。ユークリッドやアルキメデスによる探究の歴史に始まり、オイラーの発見したπの不思議にいたる。

やさしい微積分
L・S・ポントリャーギン
坂本實訳
微積分の基本概念・計算法を全盲の数学者がイメージ豊かに解説。版を重ねて読み継がれる定番の入門教科書。練習問題・解答付きで独習にも最適。

フラクタル幾何学（上）
B・マンデルブロ
広中平祐監訳
「フラクタルの父」マンデルブロの主著。膨大な資料を基に、地理・天文・生物などあらゆる分野から事例を収集・報告したフラクタル研究の金字塔。

フラクタル幾何学（下）
B・マンデルブロ
広中平祐監訳
「自己相似」が織りなす複雑で美しい構造とは。その数理とフラクタル発見までの歴史を豊富な図版とともに紹介。

数学基礎論
前原昭二
竹内外史
集合をめぐるパラドックス、ゲーデルの不完全性定理からファジー論理、P＝NP問題などのより現代的な話題まで。大家による入門書。（田中一之）

現代数学序説
松坂和夫
『集合・位相入門』などの名教科書で知られる著者による、懇切丁寧な入門書。組合せ論・初等数論を中心に、現代数学の一端に触れる。（荒井秀男）

不思議な数eの物語
E・マオール
伊理由美訳
自然現象や経済活動に頻繁に登場する超越数e。この数の出自と発展の歴史を描いた一冊。ニュートン、オイラー、ベルヌーイ等のエピソードも満載。

フォン・ノイマンの生涯
ノーマン・マクレイ
渡辺正／芦田みどり訳
コンピュータ、量子論、ゲーム理論など数多くの分野で絶大な貢献を果たした巨人の足跡を辿り、「人類最高の知性」に迫る。ノイマン評伝の決定版。

ゲームの理論と経済行動Ⅰ（全3巻）
ノイマン／モルゲンシュテルン
銀林／橋本／宮本監訳
阿部／橋本訳

今やさまざまな分野への応用いちじるしい「ゲーム理論」の嚆矢とされる記念碑的著作。第Ⅰ巻はゲームの形式的記述とゼロ和2人ゲームについて。

ゲームの理論と経済行動Ⅱ
ノイマン／モルゲンシュテルン
銀林／橋本／宮本監訳
銀林／下島訳

第Ⅰ巻でのゼロ和2人ゲームの考察を踏まえ、第Ⅱ巻ではプレイヤーが3人以上の場合のゼロ和ゲーム、およびゲームの合成分解について論じる。

ゲームの理論と経済行動Ⅲ
ノイマン／モルゲンシュテルン
銀林／橋本／宮本監訳
銀林／宮本訳

第Ⅲ巻では非ゼロ和ゲームにまで理論を拡張。これまでの数学的結果をもとにいよいよ経済学的解釈を試みる。全3巻完結。（中山幹夫）

計算機と脳
J・フォン・ノイマン
柴田裕之訳

脳の振る舞いを数学で記述することは可能か？　現代のコンピュータの生みの親でもあるフォン・ノイマン最晩年の考察。新訳。（野崎昭弘）

数理物理学の方法
J・フォン・ノイマン
伊東恵一編訳

多岐にわたるノイマンの業績を展望するための文庫オリジナル編集。本巻は量子力学・統計力学など物理学の重要論文四篇を収録。全篇新訳。

作用素環の数理
J・フォン・ノイマン
長田まりゑ編訳

終戦直後に行われた講演「数学者」と、「作用素環について」Ⅰ～Ⅳの計五篇を収録。一分野としての作用素環論を確立した記念碑的業績を網羅する。

新・自然科学としての言語学
福井直樹

気鋭の文法学者によるチョムスキーの生成文法解説書。文庫化にあたり旧著を大幅に増補改訂し、付録として黒田成幸の論考「数学と生成文法」を収録。

電気にかけた生涯
藤宗寛治

実験・観察にすぐれたファラデー、電磁気学にまとめたマクスウェル、ほかにクーロンやオームなど科学者十二人の列伝を通して電気の歴史をひもとく。

科学の社会史
古川安

大学、学会、企業、国家などと関わりながら「制度化」の歩みを進めて来た西洋科学。現代に至るまでの約五百年の歴史を概観した定評ある入門書。

ちくま学芸文庫

ベクトル解析（かいせき）

二〇〇九年十月十日　第一刷発行
二〇二二年三月五日　第六刷発行

著　者　森毅（もり・つよし）
発行者　喜入冬子
発行所　株式会社　筑摩書房
東京都台東区蔵前二—五—三　〒一一一—八七五五
電話番号　〇三—五六八七—二六〇一（代表）
装幀者　安野光雅
印刷所　大日本法令印刷株式会社
製本所　株式会社積信堂

ISBN978-4-480-09252-6 C0141